U0303503

让城市里的自然
触手可及

创于1897

重新认识动物园，从中寻得共情和治愈

陪你去逛动物园

卢路◎著　梁伯乔◎绘

商籍印书馆
The Commercial Press
创于1897

动物园可以很生动，很野性，

甚至很有人情味。

愿不辜负

　　和卢路一样，我也是从小就爱往动物园跑。

　　我小时候家住白石桥，距北京动物园只有一站地。那时的北京动物园比现在"开放"得多，园林局修建处、首都体育馆后身儿、中国科学院植物所和北京展览馆这些地方，都有入园的"捷径"。现在想想，只是那时候动物园的工作人员不和我们这些小屁孩儿计较罢了。

　　小学四年级的时候，班里来了一位插班生，他的父亲在动物园工作。同学们当时都会问他："你爸是养什么的啊？老虎？大象？"这和我二十出头大学毕业到动物园工作以后被问到的问题几乎一模一样。这位同学很快就被我"收买"了：我给他画了两张画，换来了下午放学以后和他一起去动物园找他爸的待遇——大摇大摆进动物园的感觉真好啊！

　　同学的父亲是周老师，动物园的资深科研人员，我参加工作时他还没退休。有一次我问周老师是否还记得我小时候去过他办公室，他说完全不记得了，可我记得清清楚楚：当时是冬天，太阳入射角很低，他那间在一座二层小楼二楼的办公室里阳光灿烂。对，那会儿小学放学比现在早多了。楼道里也有能晒到太阳的地方，有一只小猩猩正在摇篮里晒太阳！我当时大气儿都不敢出。后来看《少年科学画报》，才知道它的名字叫"强强"。再后来，我工作了，也养过一只黑猩猩幼崽，也抱着它在冬天的室内晒太阳……

抱歉啊，跑题了。不过也情有可原：卢路刚把书稿拿给我的时候，我才看了几段，文字中温暖的善意就让我仿佛回到了小时候，又回到了那间充满阳光的办公室。真快啊，40多年已经过去了——40年真快，那座二层小楼早已消失不见；40年真慢，动物园还是一副神神秘秘的嘴脸，这真的让我汗颜。

早在20世纪60年代，动物园生物学之父海尼·赫迪格（Heini Hediger）就曾强调动物园的教育意义，并指出动物园在城市文化生活中具有不可替代的作用：作为大自然的次级形式，动物园为每个生活在城市中的现代人提供了一个亲近自然的机会。然而这么多年过去了，我们身边有多少动物园能够意识到自身的社会责任呢？

尽管动物园在许多方面做得不尽如人意，但从这本书中，仍能看到一个自幼热爱大自然的孩子长大以后对动物园的包容和善意。卢路在书中从动物的吃、住、行入手，逐步展开到动物的繁殖、医疗，然后又引出大家最感兴趣的饲养员的日常工作和动物园的参观攻略，真挚的情感充满字里行间。能有机会提前读到这本书，我感到很荣幸。

"动物园应该被关闭吗"是这本书的最后一节，是众多提问中最严肃的一个，也是最具争议的问题。关于这个问题，我和卢路的答案一致：烂的动物园应该关闭，但动物园行业不应该消失，也不会消失。人类和野生动物之间在精神层面的联系远远比我们意识到的要悠久、复杂得多，这种联系并没有因为人们聚居城市、远离自然而疏远；相反，随着现代社会对城市人群的影响，人们对自然的渴望甚至比以往更加强烈。动物园正是满足城市人群这一需求的最佳场所之一。对此，赫迪格在动物园生物学的经典著作《圈养野生动物》中进行了更深层的阐述，他指出：城市人群在动物园中观看圈养野生动物时，仿佛看到的是被现代社会文明所桎梏的自己。70多年以前的这一洞见，恰恰可以揭示目前动物园所面对的舆情压力的深层来源。

在几乎是声讨一片的舆论汪洋中，卢路的这本书，在某种意义上就像给那些即将溺亡的动物园扔来一个救生圈，这种机会真的不多了。

谢谢卢路。

北京动物园研究员

2023年10月16日

让每个来过动物园的人
心存善意和美好

2008年之前，我主攻的研究对象是植物，还曾经在栖霞种过7年树。这7年间，我无数次抬头望见栖在枝头的鸟儿，也无数次与林间的小兽"擦肩而过"，却不曾想过，有一天我会成为南京的"百兽之王"。

2008年，我第一次以"中国最年轻的动物园园长"的身份走进南京红山森林动物园。这个园子占地68公顷，高低错落的林木掩映之中，生活着来自世界各地260多种珍稀动物，总数达3000多只。很难形容我当时复杂的心情。我只记得，不懂使我沉默，沉默着从做一个观察者开始。我沉默着一遍遍地"巡山"，看到笼子里被圈禁起来的动物眼神呆滞地过着无聊、无奈、无助的"三无"生活。它们并不快乐，而我又能做点什么呢？

出于同理心，作为人类，如果让你从50平米的房子突然搬到200平米还带有私家花园的别墅，那你肯定很开心吧？一个宽敞舒适的居所一定也能让动物们提升幸福感。除此之外，一个好的动物饲养场馆不能只是看起来美好，还要全方位全时段地考虑动物的需求，以及我们的保育员怎样才能照顾好这些动物。于是我们就从改造、提升动物的起居环境开始，一步步为动物们谋福利，同时也走上了由传统动物园向现代动物园转变的成长之路。

生活在动物园里的野生动物，是代表着它们的野外同伴来到城市的宣传大使，也是保护教育大使。既然是大使，动物园就是它们的使馆、它们的家园。游客来到动物园就是到动物家里来做客，每一位客人都应该怀着敬畏之心，尊重动物的"人"格。在它睡觉的时候就让它甜美地睡觉，吃饭的时候就让它安静地吃饭，尊重动物的天性行为。对草木花鸟、猛禽小兽都怀有敬畏之心、友爱之情，人们才能不断地去发现自然之美。

中国动物园行业近十多年无论是建园理念还是管理水平都突飞猛进地提升，更加凸显动物福利。保育人员通过对野生动物自然史、进化史、生活史的研究，在打造它们在园区内的生活空间时，极力模拟野外栖息地环境，让动物仿佛置身于野外的家，让动物生活更加自在惬意，行为也更加自信并富有野性。现代动物园的目标宗旨与核心价值得到显现，充分彰显了物种保护、保护教育、科学研究、文化休闲这四大职能。

在这个过程中，少数人依然对动物园有着刻板的认知，他们将动物园看作娱乐、猎奇的场所，甚至认为动物是人类取乐的工具，仍旧用老眼光、老思维去看动物，去逛动物园。与此同时，也有大部分公众文明意识不断提升，对动物园的认知和要求也在不断提高，无奈自身对动物、对动物园领域的知识理念了解得比较少。

卢路的这本书从动物的医、食、住、行、恋爱繁育、饲养员的必备技能以及逛动物园攻略这七个方面，分享了他多年热爱自然以及逛动物园的一手经验，也解答了游客最常问到的关于动物和动物园的疑问。作为一个了解动物园"内幕"的资深爱好者，卢路切换着不同的"机位"，将动物园里里外外、前前后后的"游客视角""饲养员视角""爱好者视角"和"动物视角"剪辑得温润丝滑，妙趣横生。透过这些视角，每一位读者都将更容易感受到生命之间强而有力的联结和同理心。

人一旦建立起同理心，无需宣教，保护欲随即而来：自然而然地从了解到喜欢，从喜欢到关爱，从关爱再到行动。有了行动，我们的未来就有希望。

我们不能要求大众爱什么就要懂什么。其实游客不用懂丰容之类的专业名词，当一个动物园足够用心，足够专业，足够爱，游客走进来看到动物的状态或灵动活泼，或威风凛凛，他们就能感受到动物园不一样了，自己也会受到影响。

2023年开始，南京红山森林动物园的游客构成发生了明显变化，从原来大部分是儿童和老年人，到如今年轻人占比近六成。之前，总会有游客看见呼呼大睡的动物就忍不住拍玻璃，想把它叫醒，看它起来走两步，现在这样的行为几乎看不到了。我经常在巡园的时候看到，老人家拿着吃的想投喂动物的时候，身边的小朋友会制止老人说，我们不能喂它，这些变化让我深感欣慰和感动。

我相信，卢路的这本书，会让更多的游客了解动物园行业，了解我们在努力的是什么，我们这么做是为什么，动物们需要的是什么，而作为游客我们又该怎么做。这本书像是一手握着游客，一手握着动物园，充满好奇地抛出疑问，充满趣味地娓娓道来，饱含善意地促成一次历史性的握手，一起用探索的眼光展开生命与生命的对话。

当越来越多的孩子脱口而出"我们不能喂它""我们不能拍玻璃"，我们的动物园就会不同；而当这些懂得关爱动物、尊重生命、敬畏自然的孩子成长为中流砥柱，也许我们的社会也会不同。

感谢卢路的解答，也感谢卢路的引荐。

沈志军

南京市红山森林动物园园长
中国动物园协会副会长
2023年11月

目录
CONTENTS

1

动物吃什么

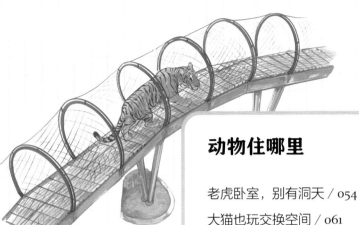

动物住哪里

2

3

动物怎么了

4

动物谈恋爱

5

动物看医生

6

饲养员的日常

7

逛动物园的攻略

The art of visiting a zoo

前言▶

动物园
现代文明的自然视窗

　　300多万年前，我们的先祖从荒野中走来，带着对自然的崇拜和敬畏走出非洲，在全世界开枝散叶。时至今日，现代人的血液中依然流淌着对大自然的无限向往。周末城市郊野公园里休闲遛娃的亲子团，城市边缘山地丘陵登山徒步的驴友，河道溪流边的垂钓雅士，社交媒体上露营野炊的网红达人，无一不向我们展示着，当代的人类，对于自然的渴望非但没有降低，反而随着城市化进程的加快而愈发飙升。

　　我就是他们中的一员，一个对自然怀揣崇敬，且一直没有停下脚步的自然追逐者。尤其对于动物，我有种执着的痴迷。通常这样的特质一定是从小养成的。小时候，最喜欢看的古典名著是《西游记》，因为里面有各种各样动物变化出的妖魔鬼怪，而我最期待的桥段就是"被悟空一棒打死，现了原形"，这些"原形"也构成了我最初对动物的认知，什么是青狮，哪个是白象，谁是黄毛貂鼠，金钱豹又是谁。看到这些名字，忍不住就想考证一下，它们到底都是哪些动物。于是《十万个为什么》《百科全书》中的动物篇章被我翻了个底儿掉。犹记得当时我有一本"宝书"，一般不轻易示人，因为上面几乎能找到我见过的所有动物，名字叫《中外动物大图谱》。现在想想内容不免拙劣，但正是这本书，带我走进了动物世界。

就像没有人不向往自然一样，我相信没有孩子不愿意去动物园。因为不满足于书本上的静态内容，动物园成了我儿时最常造访的地方。除了家乡的郑州动物园，每逢外出旅游，必去的地方一定是动物园。还记得当时我只有4岁，爸妈逢人就说："这孩子去动物园不但不要大人抱，还会变得体力惊人，走上一天也不喊累……"直到今天，我还保留着一个习惯，每到一个陌生城市，一定会抽时间造访一下动物园。这些动物园有的久负盛名，有的鲜为人知，有的可能小到只养了十多种动物，面积不足千平米。于我，它们是地图上的一处必打卡标记；于此地，它们想必也满载着这座城市居民对自然的美好记忆。

写这篇前言的时候，我抬头看到书桌右侧，墙上挂着一个相框，里面装裱着我挑选的那些精美的动物园门票、地图和宣传页。每每看着它们入神，游览这些动物园的画面就一幕一幕浮现在眼前。去过的动物园中，大而全的诸如北京动物园、广州动物园、上海动物园、长隆野生动物世界；异军突起的诸如南京红山森林动物园、武汉动物园、西宁野生动物园；小而美的有日本东京上野动物园、大阪天王寺动物园；声名在外的有新加坡动物园、新加坡河川生态园；野性荒蛮的有马来西亚洛高宜野生动物园、斯里兰卡科伦坡动物园，等等。但这些动物园哪里好，哪里出色，又传递给了我哪些自然讯息？我想通过这本书告诉大家。

当代的动物园就像一扇"自然视窗"，让我们得以用最便捷、最友善、最具性价比的方式，去窥探大自然本真的样子。然而，去过了这么多动物园，看过了林林总总的动物，见识了全世界各地的风貌环境，我的内心深处总还是有些唏嘘和遗憾的。一个对于公众如此重要的"自然视窗"，很多时候并没有发挥出百分之百的效能，我经常发出这种感叹："这个动物园真的不错，但游客好像只接收了不到20%的信息。"在固有观念和习惯的影响下，普通游客对于动物园的认识和理解还不够深入——"这就是个周末消遣的大公园嘛"。其实动物园除了休闲娱乐的功能，还是一本会说话的地球自然史巨著。遗憾的是，这样一本精彩的"好书"，我们却不知道怎么翻看阅读。

我常常在各个动物园的狮虎山旁听到游客议论："你看这老虎哟，怎么这么瘦啊，动物园肯定克扣它口粮了……"每当遇到这种情况，我都会去"多事儿"地解释一下："其实并不是这样的，野生老虎……"随之而来的是游客们的点头认可和获得新知识之后的恍然大悟。"你看，大家是愿意听的，动物园的故事应该讲给大家听。"这就是这本书的创作初心。

近20年，中国动物园发展可谓突飞猛进，很多城市甚至有不止一家动物园，随之飞速发展的还有个人社交媒体和公众的认知。随着游客们"越来越懂，越来越有表达的渠道"，动物园完全暴露在公众的关注下。动物园做得出色，自然会被大家崇尚追捧；动物园做得不到位，也会受到公众的质疑。这本书可以为动物园做一个"非官方注解"，有些并不全是动物园的问题，游客也需要时间和知识来更好地解读动物园。

于是，我决定写一本"帮游客解惑，替动物园发声"的逛动物园"工具书"，未来大家带着这本书，就能解决逛动物园时遇到的八成以上的疑问。我把思路和提纲写在一张纸上，给商务印书馆的余节弘老师打了个电话。仅仅几分钟的通话，我们一拍即合，就敲定了这本书的规划。有了这个思路，我带着小本子在很多动物园开始采风。不是为了看动物，而是为了"偷听"游客们的议论——"每次来动物园，它们都在睡觉，真无聊，下次不来了！""这动物园的动物要是死了，是不是就直接送到食堂改善伙食去了？""这动物园怎么没有笼子啊？"我从中搜集了30多个代表性问题，发现大家的关注点集中在动物在园中的吃喝拉撒，以及饲养员的生活工作。于是整本书分为七个篇章，分别是：动物吃什么、动物住哪里、动物怎么了、动物谈恋爱、动物看医生、饲养员的日常以及逛动物园的攻略。最后这部分为大家奉上我逛动物园的经验，聊聊怎样才能观察到动物园最有价值的一面。

在逛动物园之前，可以先翻看一下书中的动物园游逛攻略，做足准备后即刻出发。到了动物园后，翻开书找找，应该先去参观哪种动物的展区，再去蹲守哪种动物的特殊行为。不同的时间阶段，动物园有不一样的打开方式。看起来枝繁叶茂的展区内，一般在哪里能找到藏起来的动物？在饲养员投喂前，这些动物又会展现出完全不一样的状态。如果恰巧在雪天参观动物园，一定有特别的惊喜等着你。逛完了也别着急离开，不妨拉个晚，感受一下傍晚的动物园，看看和书里描绘的是不是一样。

动物园是一本书，一部一生都读不完的史诗级巨作，它不遗余力地向我们传达自然的壮美、生命的秀丽、人与动物的共生。而我这本小作，姑且算是这本大书的一个小注解吧。希望这些点滴的注释说明，能让大家更好地翻看、阅读动物园，从而重新认识动物园。

特别感谢张恩权老师拨冗勘误。感谢沈志军园长和张恩权老师作序推荐。感谢和我一起完成拙作的插画师梁伯乔老师，以及我的父母、妻女始终如一的付出和支持。同时感谢商务印书馆余节弘、雒华、张璇三位老师。

此书在创作过程中，非常感谢多位师长朋友的倾囊相授和鼎力支持：陈奕宁、陈月龙、陈之旸、崔媛媛、丁尧、董子凡、高源、何鑫、何悦、花蚀、华立凡、李健、李晓阳、梁钊、刘竞、刘逸夫、刘媛媛、马可、齐新章、乔轶伦、丘濂、商蓓蓓、沈志军、宋大昭、孙戈、孙涛、田大全、王世成、熊博、杨铠宁、杨瑞麟、杨毅、叶欣、张恩权、张劲硕、张宁、张彤彤、张晓玮、张瑜、郑洋、周方易、朱磊。（按姓氏拼音首字母排序）

陪你去**逛**动物园

The art of visiting a
ZOO

动物吃什么

进食，
是我们逛动物园时最容易观察到的动物自然行为。
通过动物的吃，
游客可以看到动物如何生活，
饲养员则能判断它们开不开心、健不健康。

动物的伙食好得超乎想象

● 你喜欢喂动物吗?

　　我敢保证,你身边一定有这样一个朋友:他(她)会准备大包小包的白菜、胡萝卜、面包、火腿肠、苹果、饼干,周末去动物园给动物们"改善伙食",看见动物朝自己手里的食物走来,他们比动物还开心。也许,你就是这个朋友。若是问这样一个问题:你去动物园游玩,都玩了些什么?估计很多人都会提到一件事:喂动物啊!

　　我小时候,最喜欢去的是猴山、熊山和食草动物区。为什么呢?因为这三个地方简直就是投喂动物的"圣地"。那个时候,投喂甚至都得排着队,挨个儿来。这些展区旁边的树木和地表植物也因此受到牵连,一度被游客薅得"发量"堪忧。那会儿投喂是逛动物园永恒的主题,游客们会在动物园现场展示刀工,那胡萝卜丝切得让厨师都汗颜。好像没有谁会拒绝那一双双充满渴望的、忽闪忽闪的、望着你手里的青菜和面包的大眼睛。

▲别投喂，你的爱会害了它们

为什么大家那么喜欢投喂呢？甚至有很多朋友觉得：不投喂的话，我去动物园干吗？逛了这么多次动物园后，答案也在我心中逐渐清晰起来。投喂的核心原因特别朴素："我看不到动物啊，它们在哪儿？""动物一动不动，一直在睡觉，扔个菜叶子它们就站起来了。"我们去动物园就是要看动物的，而动物有时候并不"配合"，失望之际投喂成了最便捷的法宝。所以投喂的第一动机就是：要动物动起来。

动起来之后呢？我们的要求也进阶了。第二个原因就是"求互动"——既然是动物，会动，那你能不能跟我们游客来个互动？"你看，这熊给个饼干就会作揖""快来，扔个花生猴子能翻跟头"……这样的画面在前些年特别常见，游客就像网友留言后得到博主的回应般兴奋。大部分游客都有"求互动"的需求，这个过程会让他们觉得自己跟动物园或者动物的关系更亲近。

第三个原因是，少数游客有颗操碎了的心。"动物在这儿都饿瘦了。""它们肯定吃得不好，要是伙食特别好，为什么还眼馋我手里的大白菜呢？"这些疑惑非常普遍，但多数情况下是游客多虑了。我们不妨先了解一下动物园的动物食谱究竟是什么样的。

● 动物食谱大揭秘

不看不知道，一看我都想申请去动物园当动物了。先说说投喂重灾区的熊山吧，你以为你投喂的胡萝卜、饼干、虾条真的很诱惑吗？来，上菜单！作为杂食动物的亚洲黑熊和棕熊，它们在动物园里的食谱中有杂粮窝头，用来保证日常碳水摄入，还能提供均衡营养。肉肯定是少不了的，而且还是精牛肉。每周还有两三次加入鱼肉，丰富一下蛋白质的构成，有时候还会在水池中投放活鱼，既吃了饭又健了身。素菜也不能少，它们在野外会采食青草和嫩芽，所以绿叶菜是常备的，如果胃口不好的话，还会用麦草调整一下膳食纤维，和咱们喝"青汁"保健效果相似。这些只是基本操作啦，熊爱吃蜂蜜人尽皆知，动物园会不定期在展区

▲动物园专业厨房，打造专属营养套餐

里的石头、树木上涂抹蜂蜜，给它们的生活加点"小惊喜"。在秋季需要贴秋膘的时候，花生酱这种高热量的食物也会安排上；富含优质碳水的红薯同样必不可少，这也符合它们钟爱甜食的饮食习惯。这就是一头熊的餐饮日常，反正我是羡慕不已。

对于肉食性的老虎、狮子，饲养员会常备脂肪含量偏低的牛羊肉，定期补充活鸡、活兔等活食，还有牛棒骨用于磨牙。草食性的马鹿、白唇鹿，日常牧草管够，还有复合饲料增加营养，以及应季供应的多汁绿色植物。以暑期为例，一个国内大型动物园的"大食堂"，每天需要供应西瓜396千克；应季蔬菜19种，每日供应量约732千克；3种青饲料，每日供应量约2500千克。

既然它们吃得这么好，为什么还会吃游客手中的食物呢？因为游客的食物多数是高脂、高热量，要么就是高糖、多水分的食物，别说动物了，我都克制不住。炸鸡和肥宅快乐水是真的香，但如果天天吃，顿顿吃，每个假期都被"投喂"一大堆，估计也就离生病不远了。人类的食物经过各种精细加工，味道固然好，不过野生动物的食物还是要尽量"野生"，所以动物爱吃不等于它们能吃。

● 投喂的危害

这就要说说为什么不能投喂。动物吃得那么好，超出了我们的想象，因为动物园已经给它们按照自然史搭配了最合理的食谱。相信我，就这点来说，动物园肯定比我们游客更专业。我们喜闻乐见的大白菜、胡萝卜是不能作为这些野生动物的主食的，大量投喂这些食物，动物的肠胃无法负担。所以动物园经常被迫陷入这样的模式：周末两天，动物被投喂，然后利用周中的五天时间来恢复肠胃，紧接着再迎来一个新周末，如此周而复始，动物、兽医、饲养员皆苦不堪言。

好心的投喂最多就是引起"假期病"，但有些时候投喂的食物中会夹带塑料袋、包装纸、金属丝这些杂物，一旦被不知情的动物吃下去后，这些异物肯定是不可能被消化的，要么开刀，要么"开席"。北京动物园的一头

在动物园中，对野生动物的各种投喂行为，都会对动物的行为健康、园方的饲养工作以及游客的安全带来诸多负面影响。部分动物园已经明确将投喂动物的游客列入黑名单。

蛮羊，曾经通过手术从胃中取出了一个投喂食物夹带的塑料袋，这头蛮羊是幸运的，还有很多不幸的个体，我们只能通过尸检的方式了解到这些真相。日本横滨动物园在1980年赠予上海动物园的长颈鹿"海滨"，在1993年不幸死去，兽医解剖的时候不出意外地看到胃中有塑料袋。投喂这事儿，是真的会要命。

那是不是动物园就完全不能投喂？我们游客迫切的需求就没有任何机会得到满足吗？有些动物园的做法其实给予了我们一些启示，我在日本大阪天王寺动物园中，就看到过这样一个小展示区。展区门口有个自动投币售卖机，我好奇想看看卖的是什么，结果发现是园方提供的颗粒饲料。抬头去看这个展区的名字，叫

▲鹈鹕肚中的垃圾要了它的命

作"农场动物区"，里面的矮栅栏中展示的是羊、兔子、鸡、鸭等家畜家禽。这些动物是可以投喂的，但只能在固定时段投喂园方提供的特定饲料。

除了健康问题，投喂对动物的行为也会造成一些不良影响。野生的动物可不会作揖或乞食。它们本可以展现出在野外应有的样子，比如觅食、巡视领地、求偶、争宠。但一旦出现投喂，这些自然行为就会随即消失。乞食与自然行为之间，存在本质的冲突，甚至形成恶性循环：越是投喂，动物越不可能展示真实的自己。不过对于家畜家禽来说，本来也是由人类去饲喂的，这种互动能够建立我们和动物的联结。在科学的管理模式下，可以在动物园中设置"农场动物区"满足游客的投喂需求。

要让动物展现最精彩的状态，同样也需要动物园展示区的合理设置，让动物喜欢动，愿意展示自己。这是个大学问，后面会展开细聊。展牌的设计也非常重要，能提供许多有用的信息：动物躲到哪里去了？什么时候能看到？它们日常有哪些有趣的行为？饲养员如果能用投食的方式和动物互动，也会给游客带来不错的参观体验。

不投喂是咱们游客可以做的一小步，但一定会促使动物园的展示水平前进一大步。

老虎这么瘦，
是不是被克扣口粮了

　　狮虎山是大家去动物园的必打卡之地，应该也是动物园中最热门的展区之一了。所以一般这里游客数量也最多。去了这么多次动物园，我特别喜欢在狮虎山停留，听听游客们都说些什么。大家问得最多的居然是这样一个问题：这老虎怎么这么瘦？

　　相信你们对此也有同样的疑问。有的游客甚至会猜测：是不是动物园克扣老虎的口粮了？没错！还真的就是"克扣"了。

● 野生虎的真实生活

　　在解答老虎为什么这么瘦之前，咱们先来好好认识一下老虎。以老虎为代表的大型猫科动物，牢牢地占据着当今自然界食物链顶端的位置，它们有资本骄傲地说："还有谁?!"虎仅分布在亚洲，北至俄罗斯冰封的泰加林，南到郁郁葱葱的苏门答腊岛，都有这种大猫的踪迹。它们是世界上现存猫科动物中体型最大的类群，理所当然也是亚洲的顶级掠食动物。因为分布范围广，虎演化出了不同亚种去适应各类极端气候环境。全世界一共有九个亚种，分别为：东北虎、华南虎、里海虎、中印虎、马来虎、爪哇虎、苏门答腊虎、孟加拉虎、巴厘虎。而其中已经有三个亚种彻底灭绝，一起缅怀一下：爪哇虎、巴厘虎、里海虎。

▲世界虎家族图谱

尽管身处食物链顶端，奈何高处不胜寒，它们的日子过得可不那么洒脱。虎在自然界一直都是独来独往，俗话说"一山难容二虎"，每头虎都有自己的领地，而且有意思的是，雄虎之间互不侵犯领地，但雄虎可以容忍雌虎游弋在自己的领地范围内。为了领地，两头雄虎甚至会大打出手。一头成年虎的领地范围是400平方千米左右，这相当于10万个足球场的面积，而虎每天的主要生活内容就是在这样广袤的领地中巡视，如果它们使用运动app的话，每天几万步的成绩绝对轻松达成。就这样的运动量，你说老虎能胖得起来吗？在巡视的过程中，虎会不断在领地中标记，就像贴告示、发朋友圈一样，告知来访者（来犯者）"这里是我的领地，最好离得远远的"。而标记领地的方式是通过撒尿和树上的抓痕，直观而富有震慑力。

领地意味着繁殖的权利，还意味着食物的来源。活下去和繁殖后代是动物生存的永恒话题。有了足够大的地盘，才有可能获取更多的食物。那老虎在野外吃得饱吗？还真吃不太饱。因为猎物分布密度不一样，想要找到并抓住野猪、水鹿、马鹿这些体型合适的动物，并没有那么容易。要知道野生虎的捕食成功率甚至不足10%，所以它们对于每次捕猎机会都非常珍惜。据观察统计，它们在野外平均每周只能吃上一顿饱饭。运气不好的时候可能两周都没有食物果腹，印度和尼泊尔的自然保护区甚至曾经观察到孟加拉虎吃腐败的食物——兽中之王，腹中没粮，饿得心慌；颜面，先放一放。

野生虎生存不易，在捕猎的时候往往利用灌木丛和芦苇隐藏自己，在水边等待前来饮水的动物。通常它们凭借强大的爆发力，在短距离内冲刺并扑倒猎物，随即一口咬住颈部让猎物窒息而死。这一系列的操作，完全是一个健硕敏捷的猎手"人设"。所以老虎不能胖，也不会胖，我们在动物园看到的"精瘦"的老虎才是它该有的样子。

　　如果把野生虎比作一名体脂率10%以下的健身运动员的话，那么现在大部分动物园饲养的老虎着实是个肥宅人设，说它们是大号橘猫也不为过。动物园运动场地有限，不可能满足它们在野外每天几万步的运动量，每天定时定点饭来张口，养尊处优，不胖才怪。这老虎一胖啊，病就跟着来了。除了生病，胖老虎的颜值也急转直下，游客们习惯了这种胖虎的存在后，反而对于健硕精壮的老虎产生了误解，这就回到了开篇说的那个问题——"这老虎太瘦了！"

▲肥宅只是橘猫，精壮才是王者！

● 老虎的"减肥计划"

现在，很多动物园开始着手一件事：给老虎瘦身减肥。于是"克扣"口粮这事就要提上日程了。之前给老虎准备食物，都是大块的精牛肉，细细切好，每天都有供应。

> 现代动物园中，在饲喂老虎等猛兽的时候，饲养员有时也不再"精加工"，而是把处理食物的工作交还给猛兽自己，激发出它们的自然取食行为。老虎撕拽皮毛、啃咬骨头的场景也会令游客大饱眼福。

现在不一样了，除了牛肉外，还会有打牙祭的零食鸡架，更有补充微量元素用的动物内脏，比如牛肝；每周还会安排一次完整的兔子，让它们能吃下一些毛发、血液和内脏，帮助活跃肠胃；定期也会丢给老虎一根牛棒骨让它们磨磨牙。最重要的是每周必须停食1～2天，停食日喝点水就行了，空空肚子更健康。这么一看，是不是老虎的膳食平衡科学多了？食谱改变了，还没等它们反应过来，吃饭的方式也变了。饭来张口的好事儿可没了：饲养员会把肉藏在展区的石头后面，挂在树上面，散在草丛中，想吃吗？那就要靠自己去找啦。老虎原来吃顿饭5分钟搞定，剩下时间呼呼大睡，现在吃顿饭可费了劲了。相比之前把食物准备好直接饲喂，这一系列操作可麻烦太多了，饲养员的工作量也增加了几倍。但老虎不负有心人，慢慢地效果就显现出来了，于是我们在动物园能看到一头头细腰乍背的老虎。

当然瘦也是有标准的，一般来说虎在正常行走站立的姿态下肉眼测评，骨盆没有明显突出，肋骨也没有清晰地在皮下显现出

▲就算是兽中之王，也得凭本事吃饭

来，这样的虎一般都被认为是正常的、健康的。如果你在动物园能看到一头"瘦"老虎的话，恭喜你，这才是老虎正确的打开方式。同时也能说明，这家动物园对于老虎的饲养是负责的、科学的。

　　要是让我推荐的话，我觉得上海动物园和广州动物园的老虎体型非常标准。尤其推荐大家去看看这两座动物园的华南虎，它们体型比东北虎小一些，因为分布于亚热带，毛也非常短，与东北虎相比，就像长毛的金毛巡回犬和短毛的拉布拉多犬的区别一样。广州动物园的华南虎表现得尤为明显，南粤地区自古就是华南虎的自然分布区域，这里的虎和当地的文化风貌非常契合。广州动物园的华南虎显得精壮，身形小巧灵动，尤其腰部细窄，尾尖儿上翘，腰背部曲线美得无可挑剔，粗壮的前肢也彰显出它们的力量和英武。

如今，华南虎作为我国的特有物种，在野外已经很多年没有实际记录了，动物园作为这个物种的诺亚方舟，为数不多的种群全部在这里饲养，是一个不折不扣的完全依靠动物园存续火种的虎亚种。希望我们这代人，乃至我们的后代们，还能持续在动物园看到华南虎，看到身材标致的华南虎，从它们的样貌中认识真实的虎，认识我们成语中"虎虎生风""虎视眈眈""谈虎色变"的那种虎。

　　前面篇章中，我们提到了动物的伙食好得出乎意料。那么动物们在动物园中的一日三餐到底从哪儿来呢？

　　要回答这个问题，首先要了解一下动物园的分区。我们普通游客能够看到和参观到的区域就是动物园的游览区，里面有各类动物的展区、餐饮零售等配套功能区，有的动物园还有娱乐设施，总之这里就是对游客开放的参观游玩区域。在游览区之外，还有动物园的办公区：动物园除了场馆中的一线饲养员团队外，还有一大批后勤工作人员在办公区工作。大型的动物园还配有兽医院，检疫隔离区也不能少，对于新加入的动物成员，都需要在检疫隔离区住上一阵，才能正式对外展示。为了提供一个安静安全的外部环境，检疫区和兽医院通常也会设在动物园游览范围之外。最后要说的就是本节的主题——动物饲料区，这个地方游客通常看不到，但对于动物园则至关重要，园中大大小小几千张嘴可全靠它了。

　　这个区域一般被叫作"饲料班"或者"饲料组"，顾名思义，主要就是给动物们准备口粮的。现代动物园更喜欢称之为"营养中心"。以美国圣路易斯动物园为例，在他们的园区中，就有一个接近1000平米的"奥斯文动物营养中心"，专门为动物们准备

> 饲料组的工作较为繁重，他们需要提前一天安排食物解冻，当天凌晨对于各类饲料进行分组、称重、切割、分配等工作，以确保一早就能给动物提供健康的餐食。

日常配餐，全园18 000张嘴巴都依赖这里。据统计，营养中心每天的食物消耗量甚至相当于美国一个小城镇的总消耗。因为营养中心位于动物园内部，且建筑特色鲜明，透过大落地窗清清楚楚地展示给动物"配餐做饭"的过程，这种"明厨明档"的做法甚至让这里成了圣路易斯动物园最受欢迎的展区之一。

　　一般来说，营养中心会有四个分区。第一个是冷库。对于食肉动物来说，每天吃新鲜肉类当然是最佳选择，但动物园也会常备一些存货，以备不时之需。在冷库中储存一部分肉类、鱼类、内脏等食物，遇到特殊情况，可以用来应急。同时对于不太常见的食物，动物园会一次性多买一些，也存放在冷库中。比如每逢北美地区的狩猎季，会有大量的白尾鹿被合法猎杀，这些不可多得的"野生食物"也会被采购到当地动物园，经过检疫后集中放进冷库，给狮子老虎们作为日常尝鲜的"野味罐头"。同时冷库还有一个重要的功能就是制冰，在这方面，北极熊、大熊猫最有发言权了。这些生活在寒冷地区的动物，一到夏天就苦不堪言，每天就盼着饲养员把大冰块放进展示区，不仅能吃能玩，还能抱着睡觉。

▲清晨，动物餐车如约而至，为动物们备好一天的口粮

　　冷库中可能还冻着一些奇奇怪怪的食物，像是一整头小猪或者小羊，这主要是给挑食的动物准备的。比如动物园的清道夫秃鹫，大家都知道它们是食腐动物，但动物园肯定不能给它们喂腐肉，一来不卫生，二来也存在安全隐患。所以经过合理营养分析后，动物园会提供整个的动物死体，而非分割肉，它们能一边吃肉，一边剔骨头，还能顺便挑挑拣拣吃内脏。这样既符合它们的

▲冰块不但是食物，还可以是消暑玩具

生活习性，也能让游客们解锁大量秃鹫进食的自然行为，看着它们干饭大呼过瘾。

第二个分区是草料库，这里通常也是最大的区域。如果说冷库是食肉动物的福音，那草料库就是食草动物的命脉。不少北方动物园冬季无法供应新鲜牧草，所以动物园会设有一个巨大的仓库，用来储存成捆的干燥牧草。我有幸去过一次动物园的草料库，那是一个像电影院那样高的仓库，里面整整齐齐地堆着牧草，一捆一捆的牧草有差不多10米高。我当时不禁感叹："这得吃到猴年马月啊？"工作人员笑着说："就这？还不够园里的大象吃一周呢……"

除了干草外，青绿饲料也在这里短暂存放。这些绿叶蔬菜必须每天吃新鲜的，冰箱里的青菜动物也嫌弃。新鲜蔬菜运到动物园后，经过分类称重，会直接用小餐车发往各个展区，保证动物们第一时间吃到。有些特殊的青绿饲料需要储存，所以动物园还专门准备了一个高湿度定期喷雾的房间，大家猜猜这里面存放的是谁的口粮？没错，是大熊猫的竹子。竹子这种食物存在比较大

▲没有一片竹海，养不起一只大熊猫

的地域差异，有些熊猫就爱家乡的口味，所以很多动物园，尤其是国外动物园，不惜从中国四川引种，在当地种植园大面积栽种竹子。因为它们实在太能吃了，70千克竹子、3千克熊猫饼干、2.5千克水果，这是美国国家动物园的大熊猫每天的食谱。而且竹子对于它们来说不仅仅是食物，还可以是玩具，甚至是熊猫妈妈的教具。所以养得起大熊猫的动物园，经济实力应该都不会太差。美国国家动物园为了让大熊猫保质保量吃上饭，在市郊种植了面积相当于15个足球场那么大的竹林，当然除了熊猫，大象、大猩猩、犀牛也都对竹子有明显偏爱。

除了竹子，还有些饲料也是需要"特供"的。考拉是澳大利亚特有物种，它们的口味也特别刁钻，只吃桉树叶，甚至连水都很少喝。2018年南京红山森林动物园引进了两只考拉，未雨绸缪的园方在考拉来南京安家前四年就试验在南京种桉树，并派饲养员去中国台湾和德国学习饲养技术。动物园给考拉吃的桉树叶有近30种：5种是主食，相当于人类的馒头米饭；10多种是辅食，相当于人类的肉、菜、蛋、奶；还有10多种是零食，像是我们吃的瓜子、巧克力。在南京种桉树很难，以前有学者尝试种过但失败了，红山动物园用大棚成功种出了10多亩。其实考拉吃的桉树叶都是两天一次从广州和昆明空运而来，南京基地是"备胎"，以应对恶劣天气致使航班取消的情形。

第三个分区是饲养区。你没听错，饲料班也是有饲养区的，只不过这里饲养的不是展示动物，而是饲料。动物园的住户们形形色色，不少动物只爱活食，所以很多饲料在下肚之前必须是活的。饲养区一般都会大量饲养蟋蟀、蠕虫、面包虫、小白鼠等商品化饲料，这些也是动物园消耗量最大的活体饲料。两栖爬行馆对于活体饲料需求量比较大，尤其一些蛙类，它们只能接受会动的活食，所以大量的活体昆虫每天都会送往这里。小型猫科动物在野外以鼠类为食，要做到营养均衡，最简单粗放的方式就是保留它们的野外食谱：野生动物吃什么，动物园就喂什么。所以整只的小白鼠就直接提供给豹猫、兔狲。在享用鼠鼠大餐的过程中，食物中的毛发、血液、骨骼都可以给它们的身体提供日常所需的营养。

第四个分区不是每个动物园都具备的，这就是成品饲料加工区。我们家里养的宠物猫狗通常都会喂猫粮和狗粮，相比每餐做饭，成品粮既干净卫生，还非常方便，抓一把就行。动物园需要照顾的动物这么多，如果有成品饲料，那就省事多了。所以有些大型动物园会把一些常用的饲料进行处理，制作成小颗粒。比较常见的是食草动物吃的苜蓿颗粒饲料，一粒一粒的，闻起来有一股草香味，捻开后就是干草的样子。对于这类动物来说，这就是食物中的大米饭。现在很多动物园的梅花鹿、犀牛、河马、大象等，都吃上成品饲料了。

是不是没想到，一座动物园，单单是"吃"这一项就这么复杂。吃，在动物园可是占据第一位的，也是养好动物的基本保证。除了尊重自然史之外，该有哪些创新变化，该怎么吃，什么时候吃，和谁一起吃，这些都是动物园需要研究的课题，接下来我们一一解密。

原来长颈鹿这么重口味

　　首先问大家一个问题，长颈鹿吃什么？当然是树叶了，小朋友的绘本上都有答案。准确地说，野生长颈鹿在非洲的主食是一种叫作"金合欢"的高大乔木，金合欢树枝上长满了硬刺，其他动物看到都会皱眉头，但长颈鹿却独爱这一口。它们粗糙的嘴唇可以防止自己被硬刺扎伤，30多厘米长的舌头方便把细小的叶片卷入嘴中。即便是在动物园饲养的长颈鹿，也是以桑叶等本土乔木的多汁树叶为主食，不然人家白长这么高了。

　　不过有一次，在动物园看到的一幕着实令我感到震惊：长颈鹿也太重口味了。当时饲养员把一根白色的棍状植物递给长颈鹿，它想都没想就接过去大嚼起来，吃得津津有味。这白色的植物是什么？询问了饲养员后得知，这居然是一根大葱。没错，就是咱们家里做菜用的大葱。长颈鹿吃大葱，而且还很爱吃。在我国南方一些地区，大家认为吃辛辣食物有助于祛湿，所以人类食疗的方式同样也给长颈鹿用上了。当然是不是真的有功效很难讲，但对于它们来说，这绝对是一种新奇体验。这种圈养野生动

▲偶尔的味觉刺激，美味又新奇

物的新奇体验我们叫作"丰容"，接下来就详细说说。

● 什么是丰容

　　动物园的动物和野外的动物有个最大的区别，就是动物园的动物基本上过着衣来伸手饭来张口的日子，而且活动范围也被大大地限制了。这种生活过一两周还行，但要是时间久了，谁都受不了。脑补一下疫情期间，大家被迫待在家中，没有正常的生活，无法上班工作、无法外出娱乐、无法上课学习的我们，百无聊赖中都会产生一些"迷幻行为"，比如在家里原地发呆，比如拿着电视遥控器一通换台却不知道想看什么。动物也不例外，而且它们只会更严重。相信大家在动物园中都看到过这样的场景：大象原地摇头摆尾，狼沿着同一路线往返疾走，葵花凤头鹦鹉拔掉自己身上的羽毛等，这些都是动物无聊的表现，或者说这些算是动物"心理疾病"的一种行为表现，我们称之为：刻板行为。出现这样行为的动物们，在动物园生活得并不健康，更不会快乐。它们几乎一辈子都在动物园中度过，作为饲养照顾它们的人

▲太容易吃到的饭，不香！

类，我们当然有责任让它们生活得健康。因此丰容这个概念就出现了。丰容，顾名思义就是丰富动物生活的内容，让它们的生活变得更有趣，更能够展示出一些该有的自然行为。

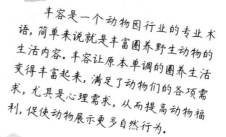

丰容是一个动物园行业的专业术语，简单来说就是丰富圈养野生动物的生活内容。丰容让原本单调的圈养生活变得丰富起来，满足了动物们的各项需求，尤其是心理需求，从而提高动物福利，促使动物展示更多自然行为。

　　丰容的类型非常多，比如社群丰容、食物丰容、环境丰容等，这篇重点来讲食物丰容。总结来说，食物丰容就是让动物在"吃"这件事上，能更加有意思，一般分为怎么吃、什么时间吃、什么地点吃、吃什么、谁给吃、跟谁一起吃这几个方面。长颈鹿吃大葱，就属于"吃什么"这个范畴。

　　我们都知道，长颈鹿在它的原生环境中，肯定是没见过大葱的，更别提吃过了。不过大葱这种辛辣略带甜味的植物对于长期只能吃到树叶的圈养长颈鹿来说，无疑是食谱中的一个大大的彩蛋，偶尔给一次，对于它们来说还是很新鲜很猎奇的。一成不变的食物对于它们来说缺少惊喜和刺激，长此以往出现厌食只是时间问题。就好像每天都吃精细的米饭面条的我们，突然有一天去农家乐吃了一顿不常见的红薯窝头、玉米糊糊，那感觉一定是新奇的，没准儿还美滋滋呢。当然这一切都要在科学研究的基础上开展，不能瞎吃瞎喂。

● 水果冰和滋补靓汤

像这类的食物丰容其实在很多动物园中都有尝试。天津动物园的熊山拥有齐全的国内熊科阵容，集齐了包括西藏棕熊（藏马熊）、东北棕熊、亚洲黑熊、马来熊在内的三个物种、四个亚种。除了马来熊，其余三种都有寒冷地区生活的自然史，所以如何帮它们度过炎炎夏日就成了个难题。看着它们热得气喘吁吁，饲养员开动脑筋给它们准备了天津特色冷饮——水果冰。这三种熊在野外的冬季都见过冰，但夏天是一定没见过的，一个反季节供应，给熊的生活中带来了一丝凉意。把玉米、红薯、西瓜、苹果切成小块，放进一个大容器中，注满水后加入一瓶紫红色的火龙果果浆，最后推进冷柜中，第二天就完成了一个粉色的水果冰砖，不但味道好，颜色还特别诱人。饲养员把大冰砖砸成小块，放进熊的展区中，每头熊都舔得不亦乐乎——谁能拒绝大夏天一块清凉的水果冰带来的愉悦感呢？

其实，感到愉悦的不仅仅是熊，饲养员制作冰砖、投喂冰砖的过程，都是在游客面前完成的。游客平时就是看懒洋洋的熊，索然无味，从来没有机会看到这个过程，这个时候他们甚至放弃了投喂，一个个围上来纷纷拿出手机拍摄。看到饲养员把冰砖扔给熊后，大家不禁发出惊呼。瞧，这食物丰容不仅仅让熊凉快了，也让游客长了见识。这才是动物园该有的样子，既让动物福利得到了提升，也通过正向的方式让游客的需求得到了满足。这是动物园应该传达的保护教育信息。

▲来点冷饮，零食要带夹心儿的那种！

如果说大葱和水果冰还算比较"正常"的食物丰容的话，那下一个就有点出圈儿了。广州动物园的黑猩猩颇有口福，日常以热带水果蔬菜作为主食的它们，食谱中时不常会有一样饮品，可能很多读者都未必能享受得到，那就是滋补靓汤。是不是听起来很"广东"呢？作为新奇食物丰容体验，这个操作可谓用心良苦。饲养员会用时令食材加上猪骨牛骨，按照给人煲汤的方式，切块、焯水、文火慢炖，细细地煲出一锅靓汤，在撇去浮油晾凉后，一勺一勺地喂给动物园中的黑猩猩喝，据说黑猩猩喝得那叫一个不亦乐乎。

　　一成不变的环境、一成不变的食物、一成不变的行为，对于任何圈养动物来说都是残酷的，这也是传统动物园的弊端。按照现代动物园的理念，除了"养得活"和"繁殖好"，还要"养得好"。怎么才能养得好呢？其中一个举措就是在尊重动物福利的前提下，从食物选择方面提供更多的尝试，给动物们更多的选择机会。我们能选择今天吃辣明天吃甜，动物也是一样，当大部分的"一成不变"中出现了彩蛋，这种"不期而遇"会让它们带给我们更多惊喜。

黑猩猩馆里的小铁盒有什么用

食物丰容这个话题，以爱吃大葱的长颈鹿开了个头。除了新奇的食物体验外，在动物园中怎么吃也非常考究。这事可不是直接张嘴吃这么简单。

还是换位思考一下，如果每天三餐我们都在家一板一眼地吃的话，难免枯燥无聊，周末家里多多少少都要改善一下，出去下个馆子。别小看这个下馆子，改变了进餐的方式和环境，这饭吃的感受就不一样了。现在露营热潮席卷而来，大家喜欢在户外的露营环境下烧烤撸串，也是一种吃饭方式的改变。对咱们人类来说，这就是一种"食物丰容"。回到动物园，在一成不变的环境下，这种改变对于圈养动物们也很有必要，那么饲养员们做了些什么呢？

北京动物园的猩猩馆中，饲养着来自东南亚的猩猩（红毛猩

> 食物丰容：以野生动物自然史为依据，通过提供丰富多变的食物种类、采取打破常规的饲喂方式和变换不定的饲喂节奏等技术手段，让动物在取食的时候感受到更多刺激、能拥有更丰富的选择，以保持积极的福利状态。

猩）和来自非洲的黑猩猩。众所周知，这两种大型灵长目动物跟人类的基因重合度高达95%以上，电影《猩球崛起》中也夸张地表达了它们有意愿，且更有能力接管未来的地球。破解密码、操控仪器、指挥军队，这些大猿在电影中几乎无所不能。科学研究表明，成年黑猩猩的智商相当于一个5～8岁的孩童。越是这种高智商的动物，在人工饲养环境下，就越需要更加丰富的环境。试想一下，如果把我们放进一个几平米的小屋，一关就是几十年，不抑郁才怪。日本就有科研机构在饲养黑猩猩和大猩猩的时候，陪它们玩速记游戏和数独游戏，打发无聊的时光。所以对高智商大猿来说，丰容更加重要。

● 高智商动物如何吃零食

在北京动物园的猩猩馆展区中，就有一个特别的装置，一般游客还真的很难看懂。这是一个透明的亚克力长方形盒子，盒子中间被透明隔板隔开，中间预留了一些小孔。盒子最右侧有一个小型孔洞，而盒子最左侧则放了很多黑猩猩喜欢吃的核桃、大枣等奖励食物。好了，问题来了，想吃到这些美食吗？自己想办法咯。

对于黑猩猩来说，这是一个锻炼手眼协调的"用餐过程"。饲养员会发给它们一根细细的树枝，这根树枝从最右侧的孔洞伸入，通过折弯可以勉强够到最左侧的奖励食物。面对美食的诱惑，黑猩猩不惜用整个上午的时间，绞尽脑汁把食物用小树枝弄出来，这个"弄出来"的过程对于它们来说比吃到口中更有价值。

　　这样一个取食器是饲养员及工程师设计制造出来的，既考虑到了黑猩猩对于细小动作的精确掌控能力，也考虑到了它们的高智商及大块头。相比把饲料直接倾倒在展区内让它们吃，这种方法显然更有趣，而且还消磨了大部分的时间。要知道在野外环境下，黑猩猩也是需要花费大量时间去寻找、猎捕和处理食物的。这样一来，一举三得。

　　说到黑猩猩的进餐方式，我在新加坡动物园看到的一幕更巧妙、更自然。在新加坡动物园的黑猩猩室外展区，有一个个高耸

▲动脑筋才能吃到的东西，有种被尊重的幸福味道

的小丘，熟悉非洲原生地形的朋友都知道，这是白蚁丘。野生黑猩猩喜欢吃白蚁是出了名的，不过在城市中心的动物园中饲养这么多白蚁，风险可太大了。在跟饲养员交流后我才知道，这些"白蚁丘"里面大有文章。那其实是一个个用混凝土塑成的白蚁丘，上面写实地做出了很多白蚁洞穴。这可不仅仅是为了美观。"白蚁丘"背后有个上锁的小门，打开后，蚁穴里面错综复杂地插着各种试管，每根试管对应一个白蚁洞口，试管中会有一些食物，并且食物每天都是不一样的：今天可能是浓稠的花生酱，明天可能是酸甜的蓝莓酱，后天有可能换成了蜂蜜水，大后天呢，有可能空空如也，什么都没有。每天黑猩猩们来到室外展区，都会在地上捡起一根草棍儿，伸进"白蚁洞"中，探究一下今天会有什么惊喜等着它们。这种特殊的"拆盲盒"式的吃饭方式，既给游客展示了野生黑猩猩在野外是如何使用工具吃到白蚁的，同时这种不确定的奖励也会让黑猩猩们分泌更多的多巴胺，对生活增添一些憧憬和期待。

这种食物丰容简单点说就是：有饭不能好好吃。游客们可能会误解：这不是给动物添麻烦吗？没错，动物在动物园中的生活就是太不"麻烦"了，所以需要人为增加取食的路径和难度，让动物开动脑筋，迈开腿去寻找食物。想方设法获得食物比接受给予更有趣。在野外，它们吃顿饭动辄需要跋山涉水"几万步"，食物丰容对于圈养野生动物的身体健康也大有裨益。

▲通过探索蚁穴，黑猩猩每天都有未知的体验

● "斗智斗勇"的食物丰容

还记得作为游客的普遍性困惑吗：我为什么看不到动物在动？为什么它们总在趴着睡觉？因为它们实在是没事可做，吃饱喝足后睡觉可能就变得顺理成章了。不过当食物丰容真的实现后，动物在我们面前会表现得更活跃，也会出现更多的自然行为。花豹（豹的俗称，又名金钱豹）为了找到散落在展区里的肉块，需要上山坡、下溪流，最终在树干上找到当天所有"饭菜"的10%，游客也能看到花豹趴在大树的主干上大快朵颐的名场面。我上次看到这种画面还是在纪录片中。要知道这样的画面，你需要飞行12个小时到非洲的马赛马拉国家公园才有可能"一睹芳容"。喜欢在沙土中挖掘昆虫的细尾獴"丁满"吃饭也不能简单。饲养员会把面包虫、大麦虫、蟋蟀等活体饲料一股脑儿地分散撒到展区中，不到一分钟这些虫子就都钻进沙土中躲起来了。当细尾獴赶到干饭现场时，容不得它们沮丧抱怨，要立刻用前爪开挖，才能尽可能多地从土中找到食物，于是自然而然地向游客展示出它们野外的本能行为。

食物丰容是饲养员、工程师和动物们"斗智斗勇"的过程。有些时候动物的智商和能力超出我们的想象，于是饲养员会在椰子壳中塞肉块、稻草堆中撒饲料、大冰块里冻鱼肉、石头缝里涂蜂蜜，十八般武艺都施展出来了。如果动物会说话，当取食过于简单时，它们可能会翻个白眼说："就这？玩概念丰容是吧？"如果取食太难，它们或许又会翻个白眼说："这么难有意思吗？

▲食物丰容让吃饭成了动物的乐趣，看动物吃饭则成了我们的乐趣

玩我是吧？"所以，食物丰容设计既要考虑取食的难度和趣味性，还不能让奖励遥不可及，同时又要兼顾动物的自然生活史。而"过程"的重要性在于，丰容是一个持续的状态而不是一个简单的动作，一成不变的丰容不叫丰容，每天都有点不一样的小惊喜、小确幸，才能给动物和游客带来丰富的体验。如果有机会，希望我们游客也能参与到动物园组织的食物丰容活动中，让动物跃动起来，让游客激动起来。

动物也吃"大锅饭"

● 吃"大锅饭"的讲究

动物吃东西一直都是咱们游客特别喜闻乐见的，很多动物园也有动物喂食的展示活动。一般来说，动物都有自己固定的食盆和食物，就像咱们吃食堂的感觉，中规中矩，秩序井然。那野外的动物也这么吃吗？当然不是了。所以现在很多动物园在饲喂动物的时候，充分考虑了它们在野外的行为，按需准备营养餐食。比如树懒一直都是倒挂的状态，所以食物最好能够垂吊着，方便它们进食；而长颈鹿生来就是大高个儿，如果把树叶放在地上喂给它们，就有点儿不负责任了。除了规规矩矩一"人"一份的配餐，不知道你有没有观察到，现在越来越多的动物园出现了"大锅饭"的场景，即一种或者几种动物一起吃，吃得不亦乐乎。总之遵循一个原则：一切尽量按照野外来。

国内动物园最常见的"大锅饭"，出现在很多野生动物园中的非洲展区。为了还原非洲稀树草原的场景，这些动物园习惯性地

▲饲养员喂食展示是动物园最受欢迎的节目

把非洲食草动物进行混养，游客在游览车上可以看到长颈鹿、斑马、角马、大羚羊在同一个空间徜徉漫步。赶上"饭点儿"，展区内会出现一个个饲料投喂点，这时斑马溜溜达达地第一个赶到，随后是角马和大羚羊，远处的长颈鹿则有自己的"高位餐台"。

除了一起吃之外，还有各吃各的，但互相影响的。在北京动物园的两栖爬行馆中，就有这么一个生态展区。展区是一个大玻璃房，饲养员将其精心分成了空中、树梢、陆地、水下四种生境。整个场景还原的是东南亚热带丛林的生境：空中饲养的是各种热带鸟类，诸如黑喉噪鹛、橙腹叶鹎、白冠噪鹛、家八哥、赤尾噪鹛等；树梢处趴着的是尽己所能去吸收阳光的长鬣蜥；地面层，是缅甸陆龟和凹甲陆龟的地盘；在浑浊的小池塘中，饲养着东南亚本土的斗鱼。开饭的时候最热闹了，饲养员会先在树梢挂上食物，鸟儿首先到达"餐厅"，拥有优先进食权，这个时候一部分食物就随着啄食而掉落在地上或者水中。放心，完全不会浪费，地上的陆龟、半水龟以及水中的鱼进而加入用餐队伍。你担心地表的住户们没吃饱？没关系，饲养员会补充饲料，这个时候空中的鸟儿和树梢的鬣蜥也会下来加个餐。这种大锅饭的饲喂方式一定程度上还原了它们在野外的用餐方式。

◀非洲主题展区的"大锅饭"

● 混养背后的科学

事实上，动物吃"大锅饭"，反映的是目前动物园展示的一种新趋势：混养。有了混养，才有多种动物在一起"开餐"的场景。最初的动物园，场地和饲养技术都有限，一个笼子养一种动物是动物园的常规做法。但随着现代展区设计的迭代，展区看起来更自然、更生态了，里面也可以"合租"更多的住户了。这些住户在吃喝拉撒，甚至繁殖行为方面都会互相影响，互惠互利。中华鳑鲏是一种特别常见的原生鱼类，很多城市的河道、小池塘、小水沟里都能看到。但我们在家中饲养的时候，往往鳑鲏不能繁殖，这是为什么呢？关于这个问题，在动物园的鳑鲏展区里就能找到答案，鳑鲏在繁殖期时，妈妈会把卵产在微微"张嘴"的河蚌中，爸爸随即也将精液排入，小鳑鲏其实是在河蚌中孕育孵化的。这下知道为什么家里的鳑鲏不繁殖了吧，你的缸里缺了一个"代孕妈妈"河蚌。

混养被越来越多的动物园采用，一方面是确实观赏性强，一个展区当中，天上地下水里都有可以看到的动物，观赏这样空间层次感丰富的展区，一定会获得奇妙的体验。而另一方面，合理的混养对于动物自身也是不错的体验——不用每天"独守空房"，有了室友后，动物们也有了全新的感官刺激。这其实也是一种丰容，叫社群丰容。不过混养的基础是一定要遵守动物的自然史，尤其动物园在展示的时候，混养展示的不是一个或者多个物种，而是一种生态环境，一系列自然行为，甚至是动物的自然

生活方式。所以可千万不能
"乱混养"。

　　混养的前提是展区空间
一定要充足，本来是想找室
友，结果来了个抢地盘儿
的，那这个大锅饭肯定吃
不香了。所以比较合理的
方式是"分层"（上层、
中层、下层），模拟自然界中的垂直生态带，
这样大家各有各的地盘，互不相争。新加坡动物园的狒狒和努比
亚羱羊的混养就是典型代表：一个住在一楼，成群结队地捡拾地
表食物；另一个住在二楼，本来就是山地攀缘大师。两者互不干
扰，相映成趣。

　　事实上，动物混养是一种社群丰
容，野生动物在野外也不是孤零零存
在的，都会有周遭的动物邻居陪伴。
邻居带来的视觉、嗅觉、听觉等多方面
的体验对于圈养动物来说不可或缺。

　　另外混养物种中，千万不能存在捕食关系，比如狼和羊、
狐狸和兔子、黄鼬和老鼠混养。否则这就不是混养，而是食物丰
容了。有的游客可能说了，怎么会发生这种低级错误呢？还真有
过。20世纪80年代，国内动物园流行"猴山"展示方式，但猴山
不容易清理食物残渣，导致鼠患严重，甚至老鼠比猴子还多。一
些动物园出了奇招，把狼混养进去，希望狼能帮助灭鼠……且不
说灭鼠效果是不是理想，猴子的日子肯定不太安宁。

　　如果物种间有可能出现杂交的话，也不可以混养在一起。毕
竟动物园作为物种保护机构和科研科普基地，物种之间基因的严
谨性还是需要强调的。国内动物园中就曾经出现过川金丝猴和黔

金丝猴杂交出后代的案例，属于那个特殊时代的尴尬。

想象一个理想的混养展区吧。以物种丰富的美洲为代表，展区的上层住着不太需要下地的住户，最好还能与世无争一点，树懒和狨猴是不错的选择：一快一慢，一个雕塑般呼呼大睡，一个跑酷一样的小巧灵动。中层考虑以植物为食的美洲鬣蜥，不过需要选择性格稳定的个体。作为树栖动物，美洲鬣蜥通常会选定一个晒点，一动不动地趴着。到了地表层，如果展区足够宽阔的话，水豚是不错的选择，性格温和从容，跟谁都能"处"。除了哺乳类，地表还可以有红腿陆龟、黄腿陆龟之类的杂食性爬行动物。水中则可养一些密西西比红耳龟之类的美洲代表性龟鳖。这么一看，整个展区能够拥有六七个物种，如果管理得当，这将是一个极具魅力的混养生态展示平台。如果你要问这样的展区在哪里能看到，其实几年前的北京动物园已经有了这样的雏形，而今南京红山森林动物园的冈瓦纳展区中，你或许可以看到上述"超理想化混养"的画面。

最后要说的是，混养动物吃"大锅饭"，并不是把几种动物放在一起这么简单，动物的行为特征、食性偏好、作息时间，甚至个体的行动路径、饲养日常管理等方面都需要格外关注。这样才有可能展示出我们希望看到的画面。而当你看到理想的动物混养展示时，毫无疑问，这个动物园团队是了不起的。

▶美洲主题展区的理想化混养

陪你去逛动物园

The art of visiting a
ZOO

2 动物住哪里

从上世纪的铁笼子水泥地到现在的生态展示区，
动物园里的动物们经历了翻天覆地的"住房改革"。
生态展示区是如何做到既赏心悦目，
又符合动物需求的？
游客看不到的动物"卧室"部分，
又暗藏了哪些学问呢？

老虎卧室，别有洞天

俗话说"不入虎穴，焉得虎子"，那么"虎穴"到底是什么样的？今天就带你云参观一下。

● 上世纪的虎舍

动物园的各位老粉应该还记得，当年大部分动物园的兽舍结构非常简单，一排砖房，一排铁笼子，游客既能在室外透过铁笼子看室外的动物，也能在砖房里看室内的动物。所以如果从动物的角度来说，当年室外的铁笼子，就是它们的"会客厅"，大部分时间会在那里和游客见面，懒洋洋地晒太阳。而室内砖房就是它们的"卧室"了，晚上睡觉、吃饭、交配，甚至生宝宝都会在卧室里进行。

拿我们最熟悉的老虎"卧室"来说吧。在我小时候，那座市级动物园不可免俗地拥有一座巍峨的狮虎山，室外展区面积大，环境也好，但喜欢追求"刺激"的我们还是更热衷于去室内展区参观。因为室内展区幽暗逼仄，尤其在冬天，掀开厚厚的棉门帘，里面一股"动物味儿"扑面而来，简直熏眼睛。那种味道是羊肉的膻味混合了食肉类动物粪便和尿液的味道，让人有一种猛兽将近的强烈压迫感。

室内是一条悠长的通道，通道一侧是护栏，护栏里面就是一排冰冷的铁笼子，不用说，笼中便是狮虎等猛兽了。之所以说那会儿在室内看老虎特别刺激，主要原因有三：第一，我们很难有机会这么近距离地观察老虎这种猛兽，纵然书中对它们的描述非

▲老式动物园的内舍中，动物和游客都承受了巨大压力

常具象，但当硕大的身形、健壮的体魄出现在一米之内的时候，老虎那种不怒自威的威慑感会顿时包裹着对面的游客。与猛兽面对面到底有多可怕，以现场体验为准。

第二，运气好的话，你的感官系统将在狮虎山中接受全方位的考验。一次傍晚时分，贪恋动物园的我没有随着人群离开狮虎山内馆，而是一直痴痴地端详着笼中的困兽。它们也挺给我面子，在我毫无防备的情况下，突然开始了自带混响立体声的"演唱会"。当第一声虎啸炸起来的时候，我顿时领略到并且亲身演绎了《水浒传》中的名场面"体若筛糠"：整个人被镇住，并且会本能地颤抖。虎啸的威力太大了，再加上室内聚音，几个"邻居"此起彼伏地"深情献唱"，使得那次狮虎山之旅至今都让我记忆犹新。还有一次，我有幸跟随几位记者朋友进入虎舍拍摄动物园新生的虎宝宝，在一米距离内隔着笼子的对视中，我能清楚地听到虎妈妈的鼻息，闻到浓重的野性气味，记者们摁快门的手都在不住地颤抖。这时一个不争气的镜头盖掉在了地上，我们都清楚老虎够不到，但没人敢往前迈步弯腰捡拾，最后还是求助了饲养员。

第三，因为那会儿的圈养老虎，有些是建国初期在野外捕捉的野生个体，所以并不像现在生在动物园、长在动物园的"长住客"那么温顺乖巧，而是实实在在地诠释了"虎虎生威"这个词。因为笼子内毫无遮拦和屏障可供它们躲避游客视线，如果游客靠得太近，老虎真的会乍起胡子咧开嘴，冲着游客"骂骂咧咧"。有一次一头老虎被手欠的游客惹毛了，忽地站起来，狠狠地撞在笼子上。虽然有笼网相隔，怒吼声还是穿过铁笼直接击溃了那个毫无防备的游客，我看到他站在那儿愣住了，其余游客纷纷退后。大家很好地演绎了"失魂落魄"这个词。那一瞬间，反正我的魂儿早就不在了。

这样的"卧室"，伴随着刺鼻的气味、安全的隐患、动物福利的缺失，逐渐被很多动物园淘汰了。现在更多动物园会将老虎直接放在室外运动场（也称外舍），面积更大，还有造景，老虎的状态也能更好。所以不少动物园的内舍部分也随即彻底关闭，导致现在的很多年轻游客不免感到遗憾，因为他们甚至都没机会看到老虎的"卧室"到底是什么样的。

● 大猫卧室的升级改造

别着急，为了让大家窥探到虎舍内部，动物园又有了新变化。2018年，尘封许久的北京动物园狮虎山内馆在装修一新之后，重新对游客开放了。一些明显的变化是铁笼子换成了玻璃，气味的问题解决了，老虎也不会被喧闹的游客吵到了。老虎们的房间变大了，之前的"小开间"变成了"一室一厅"。同时，老虎卧室里的"家具家饰"明显变多，之前只有一块睡觉防潮用的木板，现在里面有高低的爬架，上下铺都安排好了，想睡哪里就睡哪里，而且每个卧室都有一个大大的木箱，里面是干燥的木屑——老虎也需要个"席梦思"，不是吗？还有一些普通游客感觉不到的变化，比如之前饲养员切肉、喂食、铲屎都是在游客和动物面前进行，而这次改造将所有的工作空间都隐藏起来了，动物、游客、饲养员三个角色的空间彼此独立，避免了不少安全隐患。

　　在我们看来，很多动物园的室内展区就应该是卧具加食盆的"功能性卧室"，主打一个简洁和刚需。而东柏林动物园的云豹展区，则做到了美观与功能并

功能分区是现代动物园展区设计的重点，打破了传统的"内舍+外舍"的单调模式，充分考虑动物、饲养员、游客三者的需求，将展区分为：展示区、非展示区和工作区等。

重，游客和动物都赏心悦目。在这个"卧室"里，依然有草坪，有树木，甚至有森林地表，游客看起来毫无违和感，妥妥地在室内打造出了东南亚雨林的场景。

　　北京动物园的狮虎山内舍毕竟是在原有基础上改造的，如果能新建的话，可以发挥的空间会更大。南京红山森林动物园的中国猫科馆（以下简称猫科馆）在室内展区方面的设计就挺巧妙的，去过的游客可能会问：猫科馆有室内展示区？我怎么没看见呢？其实还真的有。可能是为了满足大家对于动物"卧室"的好奇心，猫科馆在设计的时候，参观长廊一侧是郁郁葱葱的室外运动场，另一侧零星分布着几个面积并不大的"卧室"展区，卧室里面有可供攀爬的树干、用木屑铺成的地毯、通往其他展区的空中通道，还有几个游客看不到的视线死角，作为隐私空间。总之室内展区远远没有室外丰富，面积也很小。但仔细想想，作为睡觉的地方该有的都有了。这其实就是一个标准的猫科动物"卧室"，游客可以通过"卧室"这扇窗看到它们不常示人的"居家

▲室内展区也可以设计成郁郁葱葱的样子，模拟云豹在户外的感觉

生活"。而且更高明的是，在我们游客看不到的区域，还有一些完全不受打扰的"卧室"，可以进行更加隐私的生活，比如给待产的孕妈妈准备的产房。隐私区域全部都在室内吗？也不尽然。在猫科馆不对游客开放的区域，还有几个室外展区，我习惯称之为"隐私花园"，这是干吗用的呢？为什么不直接把动物放到室外展区，而是单独准备个隐私花园呢？其实每个动物个体的性格特点都不一样，而且受伤后，处在疗伤期的个体也会变得脆弱，并不想被游客围观，但晒太阳享受新鲜空气的权利是均等的，于是这种"隐私花

▲敏感羞涩的猫科动物需要隐秘的卧室

园"就派上用场了，既能安安静静，又能阳光雨露。

　　从当年一排小砖房到今天多变的空间，动物们的卧室也经历了几代变革。最早动物卧室全面开放，游客能够肆无忌惮地窥探动物的私生活；现在的动物卧室既可以很直观地向我们展示动物到底怎么"回窝睡觉"，也可以很贴心地照顾到特殊个体的隐私需求。动物园中的动物一样有不被观看的权利。还没参观过老虎"卧室"的游客们也别着急，估计很快咱们的很多动物园也会行动起来，逐步把我们想看到的动物园展示给大家了。

大猫也玩交换空间

　　在我们的日常生活中，一个房间住的时间太久了，就逐渐没了最初的新鲜感，目之所及都是熟悉的一切，感觉好无聊。这个时候家庭成员们往往会筹划着重新装修一下，再不济也要重新调整一下家具的摆放、屋子里的陈设等。你会发现稍稍做一些改变，住在房间里的人立刻会感觉到不一样。我们人都有这样的感觉，那动物园里的动物就更有了，毕竟它们要在这些房间里住很久，甚至度过余生。

● 长臂猿展区如何装修

　　所以给动物的房间不定期做一些改变，对于它们的身心能带来积极的作用。这就是我们前面提到的动物园丰容中的环境丰容，简单地说就是给动物"装修房子"。今天咱们就给长臂猿的展区来个模拟的全方位装修。首要的设计理念就是充分重视房间挑高。由于臂长过膝，在野外长臂猿基本上是不下地的，大部分时间都在林间轻盈灵动地荡来荡去。因此在给长臂猿选择"家"的时候，一定要选择高度充足的房间，不然它们只能变成"走地猿"了。接下来就要给家里进行大规模硬装了。因为喜欢悠来荡去，所以各种攀爬设施必不可少，单一的攀爬设施未免太过单调。在考虑给它们多种选择的基

给动物装修房间，最重要的就是预留变化的可能性。

▲装修中的长臂猿样板间

础上，我们可以在房间中垂下麻绳、仿真树藤，以及用竹子脚手架在展区中搭建高大的栖架。把这些放进去后，它们的空中落脚点就多了不少，整个家也逐渐有了"丛林"的感觉。长臂猿是热带动物，在硬装完成后，还要布置一些热带植物作为软装。有条件的话，再加上一条人工的小溪流，一个科学、体贴又有野趣的长臂猿样板间就有了雏形。

你以为这就是环境丰容的全部吗？那可差远了。丰容这事并不是一蹴而就的单一举措，更不是简单在展区里放置一些玩具、设施、造景就完事了。因为丰容对于动物园中的动物来说，几乎是生活的全部，所以如果丰容一成不变，那么这个"丰容好的家"时间久了肯定就没了新鲜感。换言之，不变的丰容等于没丰容。因此丰容需要动起来，活起来，变起来。只有"常丰常新"，才能为动物们带来新的感官体验，激发新的探索行为，有效减少刻板行为的出现。在动物园中，丰容其实是一个过程，一个科学的系统，一条没有尽头的路，只要动物还在，丰容就会一直持续进行。

● 制造"串门"的机会

在动物园中，根据每种动物不同的行为和习性，家的设计理念和装修方案也有所不同。家里不时做一些小规模的改造还可以，但若都像前面长臂猿这样大拆大改，肯定不现实。所以动物园就开动脑筋，把一些行为相似的动物放在一起作为邻居饲养，比如豹子和猞猁，犀牛和大象，老虎和狮子，等等。这么做的原因你肯定想都没想过：动物园要让它们彼此"串串门"。

我们在一个房间住得久了，一个办公室用得久了，肯定会失去兴趣和新鲜感，动物们也是一样。那不妨让这些动物也

实现动物们彼此"串门"（展区轮驻）的关键是行为训练。通过行为训练在动物和饲养员之间建立信任，动物在饲养员的引导下，穿梭于复杂的分配通道，到达相应的展示区。靠传统的恐吓、威胁手段，不可能实现展区轮驻。

串串门，到彼此的"家里"做做客吧。接下来要向大家展示的是美国费城动物园的猫科动物展区，这里生活着东北虎、非洲狮、雪豹、美洲虎四种大型猫科动物，它们的爱好特点不尽相同，但都是谨慎敏感的大猫，都需要树干作为猫抓板，而且都喜欢猫薄荷。每只大猫都拥有一间独立的卧室以及宽敞明亮、生机盎然的室外会客厅。一般动物园在展区设计的时候，通常用一个通道连接内外展区，能把动物从卧室引导到室外客厅即可。这样的弊端就是，这只动物一辈子只能流连于自己的卧室和客厅，难免枯燥。但费城动物园在四个室外客厅之间设计了一条空中隧道，于是轻松实现了老虎去狮子家做客，狮子去雪豹房间拜访，雪豹去探索美洲虎地盘，美洲虎则将味道留到老虎的展区。当然它们之间肯定不会碰面。通过这种方式，每只动物至少有了四种选择，原本枯燥的生活也变得不一样了。完全陌生的环境，伴随着陌生的气味，就会引导着动物表现出寻找或者做出气味标记等更多

自然行为。饲养员表示，他们经常看到老虎来到雪豹展区后，在雪豹固定撒尿的地方蹭了又蹭，最后不忘喷上一些自己的尿液，像是在和这里原来的住户打招呼："嘿，今天来你们家串门儿了。"这属于动物园丰容中的"感知丰容"。

对于大部分动物来说，在动物园一成不变的生活环境下，很多动物甚至失去了一些原有的生存技能，比如最简单平常的，利用嗅觉搜寻食物、探究环境等。这可归因为"用进废退"原则：在动物园的生活环境中，这个功能逐渐不被需要了。所以日常丰

▲空中通道实现了动物们"串门"的愿望

容最核心的主旨就是，在有限的空间内，给动物提供尽可能多的选择，让它们调动各项机能去探索、去尝试。我们游客也更喜欢看到一只精力充沛、在展区内巡逻的花豹，它时不时在水边逗留，在树干上留下自己的爪痕，这是自然造物赋予花豹的本性。我们需要借由动物园这个展示平台，一五一十地将这些精彩传递给大家，这是动物园的职责。

● 动物也"轮班"

除了装修和互换房间之外，动物园还经常利用游客不易察觉的一些方式，帮助动物完成全新的感官体验，那就是轮班制度，这在动物园行业术语中称为"轮驻"。其实对于动物来说，它们每天展示各类行为，也是一种"上班"，早上来到室外展区和游客见面，晚上回到卧室休息。如果动物们会说话，估计它们的朋友圈中也有这样的抱怨："什么时候是个头啊，996的工作强度我们不接受！""带薪年假可以申请吗？我想静一静。""咱这个服务行业，周六日不能休息就算了，周中也不给调个休吗？"

很多动物园应该是充分"倾听"了动物们的心声，所以在展出方面会选择一只动物，在一段时间内每天展出，当这个"工期"（比如一个季度）完成后，这只动物将获得它宝贵的"假期"——当然不是回归自然了，而是去动物园的繁殖场休养生息。繁殖场一般位于远离城市的地方，那里没有喧闹的噪音，没有污浊的空气，也没有熙熙攘攘的游客，大有世外桃源的感觉。

▲谁还不想有个假期呢？

在这里动物完全不被打扰，相当于一段工作后的度假及疗养。在这段时间里它们可以好好休养生息，甚至顺便休个"产假"也不是不可以。像这样每个月、每个季度轮班进行展出，动物们也能获得宝贵的休养时间。当休假结束后，它们重新上岗，替换之前的"同事"。不得不说，现代的动物园越来越注重倾听动物们的心声了，并把动物福利放在越来越重要的位置。

无论是给动物一个全新的环境，还是在熟悉的环境中每天制造一些惊喜和变化，都是现代动物园不断丰富动物生活的过程。作为游客，你希望看到的一定也不是一成不变的动物园和百无聊赖的动物们。所以说，丰容始于动物福利，却最终互惠互利，让动物、游客、园方都能收获惊喜和变化。我们在给动物丰容的同时，也给游客和动物园完成了丰容。

动物一定要住在笼子里吗

　　这个问题够敢想的，动物园的动物当然要关在笼子里，不然呢？不关起来岂不乱套了吗？前面咱们提到过各种动物展示方式，有的直接，有的隐蔽，但游客和动物的安全始终是放在第一位的。不过，在动物园的确不是每一种动物都会被关起来。那么问题来了，你逛动物园的过程中，有没有看到过一些没被关起来的动物呢？

　　我就有过这样的经历。在一个初冬，我去了长春动植物园，这个园子面积非常大，而且从名字就看得出来，里面动物植物两个部分平分秋色，都是主角。刚刚进入园子就是一片油松林。东北的初冬万木萧瑟，但唯独这片油松高大茂密，而且不同于其他城市的松树只有碗口粗细，这里的每一棵几乎都是一抱粗细。走进松林抄个小路，地下细细密密的都是松针，踩上去软软的。这个时候我突然感觉头顶上方有个目光，抬头一个对视，原来是一只松鼠，而且它并不怕人，跟我对视了一会儿才跑开。松林、松塔、初冬、松鼠这几个画面凑在一起，简直太有北方冬季的既视感了，令人好感倍增。这是一只北松鼠，两只耳朵上长着簇毛，身后翘着蓬松的大尾巴，就是我们心目中松鼠的标准照。这种松鼠是本土物种，恰巧在植被条件较好的长春动植物园安了家，这类生活在笼子外的动物，也是动物园的一道风景。

▲动物园中生活着许多野生"原住民"

● 动物园里的"外来户"

现代动物园的众多功能角色中，有一项是物种保护。这里所说的物种并不仅仅是笼子里的那些，也包括了整个城市的野生动物。动物园是有责任为城市原生物种提供庇护所的。所以如果你问我，一座城市中哪里生活的野生动物最多，那答案一定是动物园，不管笼子里还是笼子外。

动物园里的常住"人口"，第一种是生活在园中的在编居民，第二种则是隐居其中的非编外来户。在中国，几乎每个动物园都有一个水禽湖，利用水面展示它们"红掌拨清波"的行为再合适不过了。但是水禽湖的鸟往往并不都是动物园记录在册的居民。北京动物园水禽湖中生活着大天鹅、疣鼻天鹅、赤麻鸭、绿头鸭这些住户，但湖中的岛上却不乏新鲜面孔。冬天湖心岛上的饲料总会出现不够的情况，饲养员蹲点守候发现，原来不是水禽们的饭量大了，而是多了很多吃白食的动物。比如湖边那棵大柳树上常常黑压压地落满了鸟，仔细看才发现，原来是前来水禽湖蹭吃蹭喝的夜鹭。乌鸦也是其中一种，它们成群结队，仗着"鸦"多势众，有时候甚至能反客为主，抢先享受饲养员送来的饲料。因为气候适宜、食物充足，这里也逐渐成了很多野生候鸟的栖息地，一些以往要南飞的候鸟，从暂时落脚歇息，变成了长期居住。动物园在城市中完成了"自然驿站"的使命。我们在游览的过程中，也能从这些笼子外的野生动物中，感受到城市动物园的温度，以及野生动物与人类生活的联系。

上海动物园中的野生貉，南京红山森林动物园中野生的豪猪、狗獾，广州动物园中的野生白鹇，我亲眼看见这些在其他动物园都是展区中重要角色的物种，在它们所在的城市动物园中，竟然都生活在园中的荒野环境下。这种动物园才是真的具有"野性"，配得上野生动物庇护所的称呼。游客在动物园中看到这样的场景，一定会获得不一样的感官体验。

● 气质不凡的动物明星

前两种都是野生动物，要么是不请自来，要么是原生居住。而下面这种不需要住在笼子里的动物，确确实实是饲养员饲养的，但它就是有特权。在参观日本大阪天王寺动物园的时候，我正和园中的工作人员交流，不远处缓缓驶来一辆电瓶车，上面拉着几个大整理箱。作为动物园迷，这个车的作用一看便知：这是给各个场馆分发饲料的。但吸引我眼球的是，开车的工作人员身边，蹲着一只雪白的大公鸡，昂首挺胸，一副主人翁的样子。"这是你们饲养员的宠物吗？"我问工作人员。他笑着说："看来你还要多做功课啊，这可是我们动物园的大明星。"接着他对一脸惊诧的我讲述了这只明星公鸡的故事。

这只公鸡名叫"正广"，出生于2015年。当时它来到天王寺动物园的作用显而易见，与其他70只鸡一样，长大后将成为动物园里浣熊的"口粮"。但万万没想到，正广的命运经历了一波三折。第一次波折是园中孵化一批雏鸭，需要一个"代理爸爸"，

▲身份特殊的动物园"吉祥物"

这个时候正广被选中了，暂时逃离了"饲料"的命运。第二次波
折是动物园中闹黄鼠狼，园方为了尽快捉住黄鼠狼，打算拿正广
作为诱饵，它又一次硬着头皮扮演了新角色。可能是被正广的气
势吓住了，黄鼠狼再也没来过。于是它又一次圆满完成了任务，
继续回到饲料室等待安排。此后一段时间内，它不停地被安排给

老虎、狮子、花豹等猛兽作为食物，但每次到它，都因为各种原因轮空。这只公鸡的运气之好简直如有神助。于是动物园改了主意，干脆将正广养起来，作为动物园的吉祥物了。这便有了我在园中看到它神气潇洒地跟着饲养员一起上班的场景。

这样的动物在动物园中，尤其国外动物园中其实经常能看到。它们一般有一个专属名称叫"项目动物"。这又是怎么回事呢？动物园作为人们接触动物最直接的场所，虽然不鼓励游客触摸和投喂动物，但有些特定人群，比如孩子，还是希望能够和动物有更紧密的联结。所以为了满足游客的需求，很多国外动物园都有自己的科普中心，在固定的时间，为游客，尤其是青少年游客开展科普讲解活动。这个时候就会有一个或者多个动物"演员"现身，一方面给科普提供活道具，另一方面也给大家一个接触动物，甚至触摸的机会，这样的动物就是项目动物。通常它们也是不适宜展示或无法合群的个体。

悉尼的塔隆加动物园中，一只被高压电致残的楔尾雕再也无法翱翔蓝天了，但来到科普中心后，则成了可以与游客见面的猛禽形象大使。饲养员在日常会带着它在园中的固定点位进行科普宣教工作，游客们看惯了笼子中的动物，能够看到饲养员手臂上站着的楔尾雕，在视觉感受方面也是一种革新。这种项目动物，自然不用像它们的同类一样，天天在笼子中打卡上班，但它们依然扮演着大自然派往人类世界的使者这一角色，引导着我们加深对自然的认识。

当然也有另外一些不受限制的动物，在动物园中没有起到

▲无法回归野外的楔尾雕，拥有了"科普教育大使"的新身份

太好的作用。每家动物园入口处，都会告知游客禁止携带宠物入园，其中非常重要的一个原因就是，我们的宠物会携带病菌。一个对于家养宠物无关痛痒的小病，对野生动物来说可能就是灭顶之灾。现在很多动物园中都能看到流浪猫，它们无拘无束，时而在河马饲料草上睡觉，时而在水禽湖边觅食，时而又去熊山中捡拾当天的残羹剩饭。流浪猫身上携带的疾病对于动物园中大型猫

科动物的影响由来已久，夜幕落下后，它们还会对一些开放性展示区（如水禽湖）的动物带来致命威胁。这样的"不速之客"确实得管管。

　　下次再去动物园的时候，不妨留心观察一下园中的"自由侠"，看看谁是原住民，谁是外来户，谁是吉祥物，谁又是入侵者。它们都是动物园中不在笼子中的一员，但无一例外的是它们都承担了动物园里的不同角色。

展区没笼子，动物不会跑出来吗

● 铁笼VS壕沟

在我很小的时候，游览过的动物园基本只有当地那几个，眼界大大受限。10岁那年，我去参观了桂林的一家动物园，着实开了眼界，不过开眼界之前也给我吓得够呛。在那个动物园一进门的地方，有一个展区展示的是亚洲黑熊。当我渐渐走近的时候发现不太对劲，因为游客这边只有一面1米多高的矮墙，而对面的黑熊距离游客不到3米远，且没有笼子。"就这矮墙？黑熊分分钟就会跳出来吃人啊！"直到走得足够近，我才长出一口气，原来矮墙和黑熊之间有一道深深的壕沟，黑熊想接触人的话，需要越过壕沟，这道壕沟也成了游客最后一道防线。后来在《图解动物园设计》这本书中，我读到了这个设计的专有名词——隔障，顾名思义就是把动物和游客隔离开的设施。这个设施对于动物园来说可太重要了，因为保证安全是动物园最基本的要求。

以前参观动物园基本上都是隔着一层又一层的笼子，里面无

▲壕沟的设计让我们看动物不再有障碍

论是老虎还是大象都被关得严严实实，跑出来那是不可能的，游客可以放心参观游览。不过，参观的体验和感受也受到了影响。如今我翻看之前在动物园拍的照片，甚至看不出拍的是什么动物，因为笼网实在太密集了，盯着看一会儿眼睛都花了，看什么都是小格子。

这个问题在19世纪的欧洲就已经有人关注，并且还得到了解决，这个人就是被誉为"全景动物园之父"的卡尔·哈根贝克先生。他斥资在德国汉堡营建的哈根贝克动物园，率先摒弃了笼网的设计，用壕沟代替笼子，使游客在看动物的时候能够一览无余，动物活动展示效果更佳，场景更自然，除了稍稍远一点之外，几乎没有缺点。随后在国内野生动物园大潮的席卷下，大部分新建的动物园都采取了这种方式，现在你想在动物园看到铁笼子可能都困难。一隅清新自然的景致，一丛竹子几棵灌木，水边的几块大石头，石头上趴着打盹儿的老虎，这个场景可要比铁笼子赏心悦目多了。自此咱们国内的动物园也普遍告别了老式的铁笼展区。

　　游客可能还是会有一些担忧，完全用壕沟作为隔离，真的安全吗？万一老虎受惊吓急了，跳出来可怎么办呢？这个问题动物园设计师早就想过了。还是以老虎为例，如果是用壕沟作为隔离的话，壕沟边缘和游客护栏的最短距离是7米，这也是经过饲养实践摸索及文献资料研究后得出的虎的跳跃极限。如果老虎来到壕沟下面往上蹿，会不会跳出来呢？书中也有交代：壕沟底部与游客之间的直线距离至少需要5.5米。所以这个隔障的首要设计原则就是安全，不管什么样的隔障，保证安全是最起码的。如果还是不放心的话，在设计的时候可以叠加隔障，比如壕沟+电网，壕沟+钢化玻璃等，从而让安全加倍。有些隔障可以单独存在，比如壕沟、铁笼、玻璃幕墙等，这些设施足以阻挡住动物出逃。但有些隔

▶新老展区对比：游客在新式展区更能看到理想中的动物园

障看似安全，却绝不能单独成立，比如电网。这里就不得不提一下隔障设计失误的教科书案例——《侏罗纪公园》，电影中霸王龙的出逃是一切混乱的开端。而霸王龙是怎么逃出来的呢？因为动物围栏的电网被猪队友关闭了。这也证明单独使用电网确实不可靠。想要只用电网来关住动物的话，就必须祈求供电系统和操作系统同时保证万无一失了。

● "隐形"的隔障

除了安全之外，隔障还需要尽可能地兼顾美观。哈根贝克先生为什么放弃铁笼子？还不是因为太有碍观瞻了。所以有进步的隔障，肯定得考虑美观，铁笼子、铁栅栏、水泥墙体这些，能不用尽量别用，能藏起来尽量别露出来。动物展区的游客围栏可以用绿植代替，壕沟可以用高差来隐藏，有些不得不用电网的部分，可以用电草代替，并植入真正的植物丛中，游客一般很难发现。有些背景墙可以用高大的树木或竹子等进行遮挡，从游客的视角看去，完全是一幅自然感十足的画面。

隔障的设计同样也要关注动物的福利，这是在现代动物园中仅次于安全原则的核心标准。之前在国内动物园作为标配的

> 隔障设计中需要把安全放在第一位，同时要使隔障尽量融入环境，不与展示环境格格不入，在参观面应尽可能避免视觉障碍，保证动物福利的同时兼顾游客的参观体验。

猴山，就是典型的下沉式坑式展示区：游客高高在上，尽显优越感的同时，以非常舒适的角度投喂甚至投打猴子，而猴子常年以"低人一等"的姿态仰望乞食。这种展区在设计之初，就没有关注到"人和万物其实是平等的"。这样的坑式猴山逐渐退出了历史舞台，坑式建筑就是隔障设计过程中不考虑动物福利的典型。郑州动物园的猴山经过改造后，摒弃了坑式参观方式，改为现在的平视参观视角，游客时而和猴子平起平坐，时而要仰望高处的猴王，这也是我们游客对猴王的一种尊重。有些动物生性敏感谨慎，有个风吹草动就能吓个半死，这样的动物能展出就已经是对游客最大的恩宠了，但天天车水马龙、人来人往，对它们而言肯定是压力巨大，所以有些动物园就开动了脑筋。美国丹佛动物园的云豹展区，有一面玻璃采用的是单向展示，游客可以看到云豹，而云豹看不到游客。对于云豹这种隐私需求较高的动物来说，这无疑是极大的福祉——终于不用天天"接客"了。其实，它在不经意间已经给我们展示出了最真实最放松的状态。单向玻璃实在妙哉。

如果真的没有笼子，没有玻璃，没有壕沟，没有电网，完全零距离，这样的动物展区你敢参观吗？比利时安特卫普动物园和瑞士巴塞尔动物园就有这样的展区，展出的是小型的鸟雀，以鸣禽为主。园方是怎么做到这么大胆，完全不做隔离呢？这个大胆的尝试来源于设计者对动物充分的了解。小型鸟雀一般具有趋光性，会往光线强的地方聚集，设计者正是利用了这个特点，在展示区引入阳光照射，而在游客参观的区域完全不设灯光，一片

黑暗。于是小鸟都在有光照的展示空间内停留，而黑暗的游客区域它们几乎不去。就算有一两只迷失的小鸟，也会很快找到"组织"，回到有落脚处、有光照、有食物的展示区。这种隔障我个人认为最高级，叫"光比隔障"。当然这种高级的隔障，除了要求设计师对展出动物充分了解外，同时也对游客素质提出了更高的要求。不存在投打动物、干扰动物情况的地区，才适合这种"高大上"的展示方式。想想就觉得很美妙，完全是一幅伊甸园的场景：人和动物彼此信任，中间没有了那道屏障。

　　说起来就是"铁笼子"三个字，但背后是安全原则，是动物福利，是游客体验等多种维度的考虑。简简单单的铁笼子，经过这么多年的发展已经有了巨大的变化。同样是看动物，下次再去动物园，咱们不妨一起找找，我们和动物之间究竟隔了几层？

◀没有铁笼，趋光性也会让红嘴相思鸟待在展示区

动物的房间里有厕所吗

　　咱们人类在设计住宅功能分区的时候，不管面积多小，房间多紧凑，有一个功能区是不能少的，那就是厕所，这可是绝对的刚需。养宠物的时候，主人也会在家里放置宠物厕所，尤其是养猫的朋友们都熟悉，猫砂盆是必不可少的用具之一。那么在动物园中，动物生活的房间里有厕所吗？咱们著名的"东北金渐层"（东北虎）会用猫砂盆吗？

　　开门见山地说，在我去过的动物园中，我没有见到过给野生动物准备厕所的。原因也很简单，它们是野生动物，在野外就没听说过用厕所。动物园主要展示它们在野外的自然行为，所以没必要，更不需要给野生动物准备一个厕所，就像野生动物不用穿衣服穿鞋一样。假设你看到一只黑猩猩，在雨林环境的笼舍中蹲在马桶上，是不是也挺违和的呢？

● 固定地点VS随性而为

没有有形的厕所，那么无形的厕所呢？比如一个固定的小角落。这就要从动物们的排便行为习惯来分析了。以刚才提到的东北虎为例，大型猫科动物在排便时喜欢定点，它们通常会选择在笼舍的一个固定位置排便。这个固定的位置，在它的房间中就相当于厕所了：除了排便，不会靠近。我推测主要原因可能是大猫们在野外都有标记领地的行为，具体怎么做？当然是排便了。在一个位置反复排便，以此警示周围的动物："这是我的地盘，你们躲远点儿。"在动物园中，这个习性也被保留下来。无独有偶，有定点排便习惯的动物还有大食蚁兽，它们喜欢在水中排便，一般在笼舍中的大水池里完成。据推测，在野外这样做可以避免天敌通过粪便搜寻到自己，所以把有可能泄露身份信息的粪便排在水里可以说是最安全、最保险的。除了哺乳动物，爬行动物中的陆龟也喜欢在泡澡的池子里排便，温润的池水能够刺激它们的肠胃蠕动。很多消化不太好的陆龟，饲养员都会用温水泡澡的方式帮它们通便。

上面这些住户都是在动物园中有"厕所"的，也有没有固定厕所，随地大小便的，比如鸟类。你有没有在饲养鸟雀的生态展区中，看到过遍地白花花的满是粪便的画面呢？或是在水禽湖边，一个不留神被天上飞来的夜鹭用粪便"空袭"过？真相并不是它们不讲文明，而是鸟类是动物界的直肠子，为了飞行演化出了各种神技能，其中一个就是随吃随拉、边飞边拉，随时减轻自

▲水池便是大食蚁兽固定的厕所

身体重，便于持续飞行，排便相当随性。在"讲文明，懂礼貌"之外的自然世界中，倒也是个精明的低碳节能法子。

食草动物的表现又有所不同。相比动物性食物，植物的吸收率有限，营养也不高，食草动物每天要吃大量植物才能保证身体所需，所以我们看那些鹿啊、羊啊、牛啊、马啊，总在不停地吃吃吃。大量的摄入就会带来大量的排出，所以大部分的食草动物

▲住在高处的金雕一家：久而久之，山丘变"雪顶"

在野外也是逐水草而动，当然也是走到哪儿吃到哪儿，吃到哪儿就排到哪儿了。这就是为什么早些年，马车还能进城的时候，一定要在马的屁股下带个粪兜子了，因为它们随时会排便。我在斯里兰卡的乌达瓦拉维国家公园看到的野生亚洲象也是如此：公路边，灌丛中，湖边，基本上都可以看到它们的粪便，似乎没有太多规律；更有甚者，站在我们的车前，一边大口嚼着青草，一边惬意地排出热腾腾的大团粪球，一点儿也不见外。

● "铲屎"的学问

都说饲养员是"铲屎官"，铲屎确实是他们每天重要的工作之一。对于老虎、狮子、豹子这些食肉动物来说，铲屎相对容易，因为它们固定排便，而且粪便的量很小，一杆铁锹一把扫帚就能搞定。要是赶上大象这种造粪机器，一天的"造粪量"多达100千克，每天给它们铲屎，绝对是个力气活儿，小推车都用上，也不够给它铲屎的。铲屎官的工作可不是单纯把屎铲走这么简单，粪便是动物健康状态的一面镜子，动物不会说话，很多疾病信息都是从粪便中获知的。诸如绦虫、蛔虫、球虫等寄生虫疾病，大肠杆菌、变形杆菌等细菌性疾病，猫瘟等病毒性疾病，营养代谢性疾病、胰腺炎、瘤胃胀气等，都可以从粪便中观察出端倪。例如大熊猫，为了防止粗糙的竹叶竹枝划伤肠胃，它们的消化道会给粪便裹上一层晶莹剔透的黏膜，如果今天早上大熊猫的粪便黏液异常，可能就要呼叫兽医了。所以我们的铲屎官每天早上第一件事就是：把屎铲完后，细细观察。如果粪便表面光滑成形，颜色也正常，那么动物状态应该是良好的。如果粪便中出现未消化的食物，出现稀便甚至血便，可就要格外重视了。

饲养员每天都要至少清理一次粪便。像是袋鼠、鹿类等食草动物，它们的排便量大，而且粪便是小颗粒，刚刚打扫完，不一会儿就满地的"珍珠奶茶"。那么对于饲养员来说，可能就需要多次"返场"，反复清扫。游客有时候会看到这种场景：动物展区内留有一些粪便没有清理干净，这种情况可能并不是饲养员在偷懒，而是展区中的动物有点特殊。比如春夏季公鹿正处在发情期，脾气暴躁，攻击性极强，如果不能完全做到隔离的话，饲养员的清理工作就可以稍微放一放，毕竟安全第一。再比如小熊猫妈妈刚生完宝宝，这个时候就怕有人打扰，哪怕是最熟悉的饲养

▲动物妈妈带宝宝时，铲屎不用太积极

员也不行。展区内的粪便散发出它们最熟悉的气味，可以增加安全感。这个时候如果饲养员贸然进去打扫笼舍，可能小熊猫妈妈会因受惊而咬死自己的孩子，这种情况也不宜立刻打扫。毕竟在这种特殊时刻，干净整洁从来不会被野生动物放在首位。

有时候粪便也会变成动物们的武器，黑猩猩在无知游客的错误引导下，会朝着游客丢粪便，这是一种非期望行为。游客的激烈反馈使黑猩猩得到"鼓励"，强化了这一不良行为。

● 粪便的妙用

动物们的粪便打扫完毕后，一般怎么处理呢？动物园中的粪便很多都来源于野生动物，所以不能像普通垃圾一样随意倾倒。这些粪便会集中收集，在固定的地方进行堆肥、化粪处理。比如南京红山森林动物园就进行了巧妙的废物利用，将动物的粪便堆肥后制成了种花的肥料，据用户反馈：肥料劲儿挺大的，花开得更艳了。还有一些大象公园，会利用海量的象粪造纸，再用象粪纸制作出各种文创用品，既环保还能为公园创收。

动物园中，每天产生的粪便除了堆肥外，还有个意外的用途——互赠粪便作为礼物。你没听错，很多展区之间确实会互赠粪便，为的是给动物进行"气味丰容"，让它们通过粪便的气味和质感，体验到不一样的刺激。比如让出生在中国的狮子，接触一下斑马的粪便，体会一下来自非洲老家的味道；或者将老虎的尿液倾倒在黑熊展区的树干上，黑熊闻到后也会有些异样表现；大象的粪便还可以作为昆虫馆蜣螂（屎壳郎）的美餐。从动物园的实际观察看，动物们闻到陌生粪便会表现出好奇，前去嗅闻，进行一番探索，但确实很少出现我们想象中的场景：食草动物闻到食肉动物的粪便就瑟瑟发抖，食肉动物闻到食草动物的粪便就异常兴奋。毕竟这些动物大部分都是动物园的"园三代"了，很多野外的行为也在逐渐发生变化。

在现代动物园中，有形的厕所留给游客们，而无形的厕所在动物展区中随处都是，也为整个动物展区增添了一抹野趣。这就是野生动物给我们展现出来的野性的一面。夕阳下，一棵松树背后，老虎翘起尾巴喷出了一股尿液，树干上留下了这只兽王的自然讯息——这画面不是出现在人迹罕至的保护区，而是在动物园的展窗中。它们的"厕所"可以是一棵树、一块石头、一个水坑，是任何可以留下自然印记的地方。

陪你去逛动物园

The art of visiting a
ZOO

3 动物怎么了

我们无法与动物用语言沟通，
但若我们足够好奇，
有足够的细心和耐心，
玩好了"你来比划我来猜"的游戏，
就能通过行为观察来解读它们的所思所想。

摇头晃脑的大象真的赛博朋克吗

大象是动物园的大明星，从动物园创立之初，大象就被当作压轴的展示物种。这种聪明的巨物总是让游客们备感亲切。一项调查表明，当今动物园中，最受欢迎的动物就是大象，甚至在很多游客心目中，大象就是动物园的代表。不过在动物园中看大象时，游客们经常会看到这样的画面：一头大象原地不动，但脑袋和身体会以一个固定的频率持续地缓慢晃动，像是喝醉了酒的样子。每当这时，很多"懂王"游客就开始给周围的人"科普"：这是大象在原地跳舞呢，你看它多开心。事实上并不是，至少野外的大象并没有这样的行为。

● 大象"跳舞"是刻板行为

斯里兰卡乌达瓦拉维国家公园是我最为近距离地观察过亚洲象的地方，当我乘坐的吉普车驶入国家公园后，土路中间就赫然出现一头成年公象，它慢慢悠悠地经过车前，在路边停下，一边挑挑拣拣地把草拔起来，一边把泥土抖掉，送入口中。整个过程非常从容惬意，很显然在这里我是客人，它才是主人。相比之下，动物园中大象的摇摆动作却显得焦虑感十足，其实这是动物的一种刻板行为，简单来说就是因为长期被关在狭小单调环境中，焦躁抑郁的情绪笼罩下它们病了，而且是心理上的那种。在动物园，这种刻板行为并不罕见，比如狼沿着笼子一侧往返踱步，黑猩猩吞食自己的呕吐物，鹦鹉把自己的羽毛拔光，这些都是典型的刻板行为。所以大象原地摇头的样子真的不好笑，反而挺让人遗憾和唏嘘的。

那么如何避免刻板行为的发生呢？其实如果动物长期生活在动物园的圈养环境中，尤其是高智商的哺乳动物，很难从根本上消除

▲原地摇头的大象并不快乐

刻板行为。也就是说，这是死穴，没得治。动物园能做的，就是尽可能地减少或者降低刻板行为出现的次数和程度，这已经是良心动物园的所为了。当然还有一部分动物

园更加极致：养不好不如不养。尤

刻板行为是指圈养野生动物因无法适应某种环境而出现的无意义、高频率的重复动作，一般是无休止的踱步、摇头、转圈、舔毛等。往往是野生动物在笼舍狭小、单一枯燥的圈养环境下产生心理问题后的行为表现。

其对于大象这种福利需求度高、环境要求苛刻的动物，确实是需要综合考虑的。日本北海道的旭山动物园就是一个例子。2006年，旭山动物园的最后一头大象奈奈去世了。自1967年开园，这家动物园一直都有大象的展出。但放眼整个日本，动物园饲养的大象在巅峰期超过80头，却也仅有2头繁殖成功。旭山所在的北海道地区一年中有三四个月被冰雪覆盖，加之提供的场地条件也并不适合大象生活，所以直到现在旭山动物园也没有再饲养大象。倘若给不到它们更好的福利条件，不养不失为一种选择和态度。

● 如何给大象丰容

对于现在还有大象的动物园来说，想养好大象，丰容是一定要有的。丰容就是让圈养的动物在有限空间内，有更多的选择，即丰富它们生活的内容。现代动物园的丰容分为环境丰容、食物

丰容、社群丰容、感知丰容、认知丰容这五个方面。

　　高度社会化且高智商的大象对丰容的需求更加迫切。养好大象有三点是必须的，第一点就是社群丰容。大象是群居动物，而且是社会关系极其紧密的母系社会，即一个象群由一位年长的雌性作为首领，小象们跟着自己的妈妈、姨妈、外婆一起生活觅食，所以一个群体对于大象来说是至关重要的。小象在象群中逐渐学习成长技能，甚至还有类似"幼儿园"的组织，由一两头成

▲和家人生活在一起就是丰容

年母象集中带娃。无论小象还是成年象，都"双商"在线，感情丰富细腻，它们渴望情感上的陪伴。如果单独只饲养一头大象，很难保证它的福利是健全的。

第二点是环境丰容。饲养场地的地表对大象来说至关重要。野外环境下，大象为了食物和水源，需要跋涉很远，过程中就顺便磨短了自己的指甲；而圈养环境下运动量不够，指甲肆意生长，最终会导致蹄部疾病，这样的大块头一旦站不起来，也就进入死亡的倒计时了。所以在大象的人工饲养环境下，一定要提供大面积的土地、松软的沙地、草地等多个选择。太原动物园的非洲象展区中，不经意摆放的一堆沙土，被它们玩出了新花样：靠着打盹儿，躺在沙堆上睡觉，用鼻子扬沙子。仅仅是一堆沙土，就把大象爱玩的天性体现得淋漓尽致。

第三点是食物丰容。因为大象太聪明了，所以在吃饭方面饲养员要开动脑筋，需要想办法提高进食的难度，变着花样让吃饭变得有意思。大象最神奇的器官就是鼻子，那么发挥一下鼻子的超能力吧。饲养员尝试将花生等小颗粒的食物塞进打好孔的PVC管中，通过晃动管子，食物会从小孔中缓缓落下，大象用灵巧的鼻子捡拾，动作的精细程度不亚于我们人类的手指，不但锻炼了它们的身体，还让游客看到了这个物种的身怀绝技。饲养员还会把草团高高地吊起来，想吃吗？自己"站"起来够吧。这个时候大象会扬起鼻子抖动草团，你以为它们在吃草吗？其实它们是在寻找草团中隐藏的水果颗粒食物，大象的盲盒也是这么惊喜随机。也许大象知道草团中的秘密，但游客并不知情。放着地

▲换个方式用餐——吃饭也是一种探索

上的草不吃，为什么偏偏要站起来费劲去够？如果你足够细心和好奇，一定会驻足观看。看到它拆开今天的盲盒，你也会会心一笑——你和大象都被丰容了。

● 苏黎世的大象泳池

　　一个动物园大象养得好不好，大象福利是不是充足，大象有没有原地摇头，在一定程度上能够反映一个动物园的综合实力，包括经济、专业技术、社会责任等。有没有我个人觉得惊艳的大象展示区呢？其实网上随手一搜便是：大名鼎鼎的苏黎世动物园大象馆。在游客的视角看来，这座大象馆最亮眼的设计，无疑就是那个大泳池了——没错，这里的大象拥有私家泳池。

我只在马来西亚的婆罗洲看到过野生大象游泳。京那巴当岸河号称亚洲的亚马孙河，以极高的生物多样性而著称。我们在河上Safari（野外巡游）的时候，看到一根顽皮的鼻子像潜望镜一样露出水面，速度不紧不慢地朝着岸边移动，随后一个庞然大物跃然出水，那是一头婆罗洲象。我梦寐以求的物种竟然以如此惊艳的方式出场，那画面至今难忘。

但对于动物园来说，大到可以装下大象的水池可能过于奢侈了，于是很多游客无法知道大象其实是凫水高手。苏黎世动物园做到了，而且做到了把大象养在"玻璃缸"中。整个展区是下沉式的，游客们来到水平面以下的观察视窗，能透过一面巨大的玻璃看到一池清澈的水，水中是一头巨物灵活地踩水前行。只有亲眼看到这一幕的人才能体会到这种巨物存在感的震撼。

我去参观的当天还有一个细节，一名游客问饲养员："什么时候大象才会下水？我们是专程赶来看它游泳的。"饲养员的回答是："当它想下水的时候。"一个简单的对话，反映出的是人和动物的平等，饲养员对于大象的尊重。这座大象展馆是2014年由瑞士建筑事务所设计完成的，整个展馆屋顶能够投下阳光，斑斑驳驳的光影洒下来，据说是模拟了大象生活的丛林环境。展馆内还种植了大量植物。室内空间室外化，在这里得以实现。

▲一个泳池，注满了水，也注满了大象和游客的快乐！

　　我们不能奢望每个动物园都能像苏黎世动物园一样，用大手笔打造一个大象的伊甸园，但动物园肩负着为每个动物个体终身负责的使命，对于动物福利的追求应该是永恒持久的。记得某位动物园领域的前辈说过，动物为动物园奉献的是一辈子，我们多做一点，它们就能多开心一点。摇头的大象并不开心，我认识的大象是安静平和的，不期而遇，从容不迫，才是大象本真的样子。

这鳄鱼是假的吧

"这鳄鱼怎么不动啊？""你们动物园的鳄鱼是假的吧？""拿死鳄鱼糊弄我们吗？"这样的发问我在动物园的两栖爬行馆里经常听到。有的大朋友甚至非常笃定地跟孩子们说："动物园的鳄鱼、蟒蛇都是塑料的，白天摆着，晚上收回去。"这些说法听着确实是啼笑皆非。如果只是口头质疑还好，可有的游客按捺不住好奇心，秉承着探索和求真的目的，居然付诸行动了。

2008年就出了一条这样的新闻。武汉九峰森林动物园在园内建了一个开放式的鳄鱼馆，馆内养着8条鳄鱼。因为鳄鱼不好动，多数时间都匍匐在陆地上，或者浮在水面上闭目养神，游客总喜欢用石头和泥块砸它们，鳄鱼馆周边的石头和泥巴都被捡光了。园方表示："鳄鱼被砸伤后，我们及时处理了伤口，但是鳄鱼喜欢待在水中，伤口易感染，这8条鳄鱼在4年的时间里，有4条陆续死亡。"

2018年，又有一条鳄鱼因为同样的原因被游客"求证"真伪，但这次却引发了广泛关注，因为涉事鳄鱼为"一代名鳄"。

它是厦门市中非世野野生动物园一条名叫"小河"的湾鳄，体长5米，体重达到了惊人的1.25吨，稳稳占据着中国大块头鳄鱼排行榜第一的位置。尽管如此，却依然难逃厄运。10月31日中午，它被游客用直径17厘米的大石头砸伤，原因也出奇地相似：想试探它到底是不是活的。

● 鳄鱼不动是天性使然

类似的事件并不偶然，在国外动物园也有发生，所以那些鳄鱼是假的吗？答案显而易见，当然不是了！那为什么鳄鱼不爱动呢？这里要提到的是，以鳄鱼为代表的爬行动物是变温动物，通俗说就是身体的温度不恒定，没办法自己调节体温，身体温度的高低主要取决于环境温度的变化，体温高低也影响着它们的活动能力。所以当环境温度高的时候，爬行动物会利用这个机会抓紧时间完成进食、交配、繁殖等大部分行为；而温度下降后，它们的行动也明显减少，当温度降到一定程度时，它们会选择一动不动进入一个低能耗的"待机状态"，就是我们常说的冬眠了。当然，如果温度继续降低的话，它们可能就真的永远醒不过来了。

我们在参观动物园两栖爬行馆的时候，会发现动物展示窗一般都不会很大，这是出于节能保温的考虑。展窗里还会悬挂几盏吊灯，可别小看这几盏灯，对于很多爬行动物来说，这可是用来"续命"的神器。因为大多数爬行动物都需要晒太阳，一方面是太阳提供了热量，可以保持进食、消化等机能正常运转，另一方

面阳光中的不可见光UVB能促进钙质吸收。对于陆龟以及一些光照需求量大的爬行动物来说，如果没机会晒太阳的话，几盏模拟太阳光的吊灯就非常重要了。有些条件相对简陋的动物园，甚至会把电热毯放进蟒蛇的展示区内供它们取暖，虽然显得有点寒酸，不过原理确实是一致的，那就是爬行动物对于温度的依赖性很高，温度低了轻则一动不动，重则一命呜呼。所以为了保证这些变温动物能健康地生活，并且能够在游客面前展示一些行为，在动物园中饲养的两栖爬行类大多数都是有加温设备的，而且真的是五花八门，各有各的招数。陆龟通常采用吊挂式的太阳灯，通过晒背的方式提高身体温度；大型的蟒蚺喜欢底部加温，所以加热垫最有效果；蜥蜴比较挑剔，既需要吊挂式的灯具加热，也喜欢底部有加热石来取暖。如果你想判断一个动物园的两栖爬行类养得好不好，有一个非常简单的方式，就是看这里的两栖爬行类动物是否有室外活动空间，因为任何加热器材都比不上免费的太阳光。大道至简，其实最适合它们的饲养方式不是各种器材

▶在适合的温湿度下，爬行动物的行为很丰富

加温，而是在温度适宜的情况下，让它们尽情享受户外阳光。

　　说回主角鳄鱼。以我国特产的扬子鳄为例，它们正常状态下会选择在枯木或者河中岛屿上趴着，一动不动地晒太阳。只要不受到惊吓，它们能一整天都保持这个状态。到了秋季，天气转凉，扬子鳄能够享受阳光的时间也一点点减少，它们会在池塘泥

▲夏天营业，冬天休假——不爱动，就是鳄鱼展示的自然行为

岸边挖一个深洞，钻进去开始冬眠。你没听错，扬子鳄是世界上唯二会冬眠的鳄鱼之一（另一种是来自美洲的亲戚短吻鳄）。所以选择去动物园看两栖爬行类动物的时间也非常讲究，要是在冬天去看两爬动物，吃了闭门羹也实属正常。因为不加温的话，很多两爬类会在冬季"闭门谢客"。

除了温度低的时候不爱动之外，长期的自然演化中，多数两栖爬行动物都成为了机会主义者，从狩猎方式来看，也是守株待兔式，并不需要"动"。还是以鳄鱼为例，即便在不需要冬眠的非洲，那里的尼罗鳄也同样一动不动，要么岸边晒太阳，要么水中伏击。看过马拉河大迁徙纪录片的朋友都知道，成千上万的角马、斑马、羚羊会定期迁徙渡河，而渡河过程中最大的威胁就来自水中的尼罗鳄。不过尼罗鳄一般不会主动追击猎物，它们都是在水中一动不动，完全看不出任何生命迹象，一旦渡河的角马、斑马、羚羊入水，它们就一跃而出，闪击取胜。尼罗鳄一餐能吃下半只羚羊，是典型的"半年不开张，开张吃半年"。饱餐一顿之后，它们带着满足感爬上岸边，晒着太阳，利用温度慢慢消化食物——"躺平"这件事在鳄鱼这里既合情又合理。

● 观察两栖爬行动物的小贴士

所以道理我都懂，怎么才能让它们动呢？大家可不想在两爬馆看"雕塑"。首先是时间的选择，春夏季节两栖爬行动物会有求偶的行为，冬季则多数选择冬眠，因此时间非常重要。其次在参观前可以在动物园官方网站和公众号等媒体平台查询动物的互动时间，一般来说，对于两栖爬行馆中这些践行"生命在于静止"的物种，动物园会在每天的固定时间设有饲养员喂食活动，供游客观赏。一般上午一次下午一次，针对不同的物种饲养员会投放相应的食物，这个时候就是观察它们的最佳时机。

我有幸在新加坡动物园看过一次喂食，这里展示着世界上最大的蜥蜴——科莫多巨蜥。这种大块头是"无利不起早"的典型，一个小时纹丝不动是常态。那天下午三点，饲养员拎着饲料桶走进展区，并没有像很多动物园那样将食物倾倒在地上，而是将一整条羊腿直接挂在了树上。顿时几头科莫多巨蜥来了精神，它们循着气味找到食物，但尝试了几次都因为太高而没能成功。最终它们使出绝招，只用两条后肢站立起来，探出脖子够到了羊腿。可是羊腿没有分割，想吃到嘴里就费了劲了，巨蜥咬住羊腿在空中荡来荡去的画面实在好笑。最后羊腿被拽了下来，三头巨蜥分别咬住一端，硬生生将羊腿扯碎了。整个过程持续了一个多小时，围观游客看得惊呼声不绝于耳——谁说两栖爬行动物不会动，不爱动呢？

像鳄鱼、蜥蜴这类爬行动物，能在动物园中观察到它们的动态行为固然是幸运的。不过回到我们参观动物园的初衷：在娱乐中了解动物的自然史。这些神奇的物种从诞生在这个星球到今天，"不动"就是它们百炼成钢的生存法则，所以观察更自然的它们，可能比观察到会动的它们更值得我们兴奋和欣慰。也许动物园在两栖爬行馆的布展上需要尝试与其他展区不一样的展示理

▲要是赶上饭点儿来，也能看到我"动力十足"！

念，以科普展装和生境还原为主，弱化实体动物，换一种方式把神秘的两栖爬行动物讲给游客，让大家在看到它们不动的同时，理解并尊重它们的习性。虽然它们没动，但我们离开两栖爬行馆的时候，并不会一无所获，怅然若失。

羚牛怎么上房了

北京动物园有一个"名场面"，当你走进园区西北角的食草动物区，你可能会惊讶地发现："欸，怎么有个动物在房顶呢？"走近之后会看清楚，那是一头浑身金毛的羚牛。为什么羚牛上房了？是管理不善还是羚牛淘气呢？其实都不是。这是动物园根据羚牛的行为特点，为它量身定制的"健身项目"。

● 出人意料的登山高手

这项举措属于环境丰容，是为了模拟羚牛的野外生活环境。什么？羚牛在野外还有房可上？原来，羚牛跟普通的家牛不一样，它们的原生环境是中国的西南山地，在四川、甘肃、云南都有分布，在咱们国家有四川羚牛、秦岭羚牛、高黎贡羚牛和不丹羚牛四种。羚牛最喜欢的地形就是坡度很大的山地，它们特化的蹄子和强健的四肢，在山里攀爬简直是如履平地。在我们站立都很困难的60度山坡上，它们能够闲庭信步地吃吃喝喝，走走停停。

　　第一次在野外看到羚牛是在四川省唐家河自然保护区，当时我独自走在酒店对面的香妃栈道上，一边走一边专注地拍摄路边的花草和昆虫。当我抬起头，伸直了酸痛的腰肢，才突然发现气氛不大对劲——旁边的山坡上多出了几双并不友好的眼睛。那是一群羚牛，它们在陡峭的山坡上静止不动，都在观望着这个不知死活的两脚兽。要知道羚牛脾气暴躁，在野外遇到羚牛可是很危险的。我没敢轻举妄动，它们看到我没有敌意，便缓缓地继续朝山上移动，不到五分钟就翻过山头消失了。只留我在原地庆幸自己的劫后余生，并惊叹于它们高超的攀爬能力。

　　对于一天不爬山就浑身痒痒的羚牛，空间有限的动物园，自然很难满足它们的这种本能需要。地处平原的北京城区，也没有山地提供给它们。若要在动物园的展区中真的堆砌起一座高山，也很难在短时间内实现。于是动物园想了一个主意，既然登高是羚牛的天性使然，那么不如以房代山，让它们试试这个"人工高山"。园方在展区内搭建了一座天梯，直通羚牛区的房顶。这个房子本身就是羚牛的卧室，这个做法充分借用现有的素材，给羚牛改造出了"一座山"。建好后羚牛果然很买账，陆陆续续自信

地走上天梯，非常自然地接纳了这座专门为它们精心打造的"人工高山"。在阳光明媚的下午，经常可以看到一头羚牛卧在房顶，悠然地享受着夏日午后，也把这种空间的碰撞冲突演绎得更加和谐。

环境丰容是为了提升展示效果，增加动物表达自然行为的可能性，当然这一切的前提都是尊重动物的自然史，满足动物福利。对于环境丰容来说，主要是为了能够营造一个更加自然，更加符合动物行为需求和游客参观需求的饲养环境。通俗来说就是环境要打造得更"野性"，让动物更喜欢，让游客看着更舒服。

▲没条件上山，上房凑合一下吧

比如在小型鸟雀类的展区里，我们经常看到一些树枝和植物，既给它们提供了落脚的地方，也能增加环境的自然观感，一看就知道这种鸟生活在哪里。再比如南极的帝企鹅，它的生活空间中自然少不了大量的冰雪覆盖，这样的环境对于帝企鹅和游客的作用都是显而易见的。

● 展区里的"篝火堆"

有些环境丰容如果我不说，可能你还真的不知道是干什么用的。在成都动物园的豚鹿展区中，游客发现了一个"柴堆"，就是一堆破木头和树棍堆在一起，远看就像一个篝火堆，直愣愣地出现在光秃秃的豚鹿展区中。游客在社交平台上调侃："这是大型烧烤现场吗？今天要烤哪头鹿啊？"着实让动物园哭笑不得。

其实这个"柴堆"学问可大了，它的标准名叫作"本杰士堆"。这个名字的由来，是缘于从事动物园园林管理的两兄弟——赫尔曼·本杰士和海因里希·本杰士——基于自然演替规律的一项发明，其实就是一个"人工灌木丛"。本杰士兄弟在动物园的主要工作是维护展区中的花花草草，不过因为展区面积有限，再加上动物的密度高，大部分食草动物展区内的植物总是很快被啃光。兄弟俩今天种下去，明天就消失，种得没有啃得快，主打一个"无效种植"。这让他们非常苦恼，于是他们就考虑造一个动物无法破坏的植物堆。首先他们将一些树干、树枝栽进土地中，围合成一个封闭环境，并在四周堆砌一些石块，这第一步

▲本杰士堆的出现，会形成一个小型生态系统，给动物们带来多重体验

就是为了阻拦动物啃食；第二步，在木圈中横七竖八地放进去不同粗细、各种种类的木头，就像一堆林间的倒木，看起来更加自然和谐；第三步，在这堆木头中播下一些种子，然后就把一切交给时间。本杰士堆中慢慢开始长出植物，它们渐渐从一株变成几株，然后变成一簇，最后成为一片灌丛。这片灌丛对于展区内的动物来说，看得见吃不着，但在其他方面发挥着重要作用。一方面游客看到展区变得生机盎然，另一方面这丛植物也成了其他动物的庇护所。当本杰士堆逐渐壮大后，你会发现这里面大有乾坤：植物会招引昆虫前来，果实会引来一些鸟类，一个简单的本杰士堆自己就营造出了一个小生态。

　　成都动物园豚鹿展区中的"柴堆"，其实就是一个标准的本杰士堆，只是时间没到，它还没有呈现出最精彩的状态。假以时日再去看，你可能会看到豚鹿在树丛中若隐若现的样子，正是："林深时见鹿"。

● 环境丰容中的"废物利用"

　　除了羚牛上房，很多带有"人类痕迹"的物件都能被用作动物园的环境丰容，虽然看起来有点违和，但用起来既节约又便捷。我们都知道黑猩猩是一种极其善于攀爬的动物，如果它的环境中没有错综复杂的爬架，那无疑是一种折磨。不过高大的攀爬架往往是金属材质居多，天然木材质的价格昂贵且获取困难。但在炎热的夏天，金属爬架在阳光炙烤下如同炮烙大刑伺候，对黑猩猩并不友好。台北木栅动物园就想出了一个奇招。为了防止触电，台湾省的街边电线杆大多采用防腐木制造，但为保证安全，一般在固定年限下，电线杆是要被替换的。不过有些换下来的电线杆还能继续使用，动物园就将这些"废品"收集起来，错综林立地插在了黑猩猩的外展区内。展区一下就变得丰富起来，黑猩猩在这里可选择的攀爬路径更多，活动空间也更大了，在游客面前尽情地展示着各种"空中飞猩"的绝技。当然，细心的游客也发现了："欸，这不是路边的电线杆子吗？"虽然看起来略显违和，但这种"废物利用"的方式值得借鉴。汽修厂的废旧轮胎、消防队的报废水龙带、仓库废弃的麻袋木箱，甚至家里的旧衣物、快递盒，如果你身边有这些，不妨联系一下当地的动物园，假以巧思，或许都能成为动物们爱不释手的新玩具。

　　在有限的空间和条件下，北京动物园给羚牛开辟了新的场景，提供了新的尝试，也给游客打开了一扇重新认识自然的窗口。类似的环境丰容不能停，这是一个持续的状态，而不是一蹴而就的工程改造。万变不离其宗，动物需要的才是动物园最应该提供的，哪怕是一座通往本能的天梯。

> 如果你家有快递盒、废轮胎、旧衣服、玩具球，都可以捐给当地动物园，对你来说是"废品"，对动物来说可是不错的丰容物。

我们能为"动物丰容"做点什么？ ▶

为什么展区里杂草丛生，就是看不到动物

● 在这里，它们才是主人

"这个展区里为什么没动物呢？""怎么来到动物园净看到的是一堆植物？"游客在动物园经常抱怨的就是看不到动物。尤其是动物园展示水平越来越高后，"看不到动物"在很多时候成了常态。为什么会这样呢？咱们把时间线先往回调，说说之前展区为什么容易看到动物。因为那个年代的展区就是一个铁笼子，面积小，布局单调，动物就像货柜中的商品一样被展示，甚至可以用"示众"来形容。因此在这样的展区里生活的动物很难身心健康，在我家乡的动物园中，我就曾经看到过一只蜷缩在光秃秃的笼子一角瑟瑟发抖的果子狸，它的面前人来人往，声音嘈杂，不时还有游客拍打笼子和投喂异物。动物园曾经一度被诟病就像一座动物监狱，也是因为这样的展区和这种展区内状态低迷的动物。

随着动物园的发展，展示的方式也不断更新，前面章节提到，铁笼的展示方式逐渐被放弃后，随之而来的是生态展示，即

▲传统笼舍展区无异于动物监狱

把动物所在的自然环境甚至人文风貌都一并在展区里体现出来，让游客有一种沉浸式的观赏体验。在伦敦动物园中展示的狮子是世界濒危的亚洲狮，这种鲜为人知的狮子只生活在印度古吉拉特邦的吉尔国家公园，目前仅剩500头左右。伦敦动物园在打造这个展区的时候，设计团队亲往印度，实地考察了亚洲狮的原生环境。整个展区的游客通道中，标识牌采用英文、印度雅利安文两种语言书写，建筑风格也体现了诸多印度文化元素，还原了印度车站、荒废的神庙、人口聚集的村落等场景，甚至墙上张贴的海报都是印度风格，通道里还播放着印度舞曲，用以再现当地人文风貌。展区内部的植被也用吉尔国家公园的高草丛覆盖，这样的

▲在"大自然"中找动物也是一种乐趣

展区会给游客带来以动物为主人翁的自然生境的代入感，同时营造出一种氛围：此刻你并不是在英国的笼舍中观看这种亚洲困兽，而是在大洋彼岸的古国一探它的风姿。对于亚洲狮，这是园方为它做的环境丰容，这样的环境不只是优美，还很体贴。将游客置身于动物的生活场景中，意味着我们是客人，它们才是主人。虽然远渡重洋，但依然宾至如归。

● 动物园的引导很重要

在内容这样丰富的环境下，动物有更多的选择，可以选择懒洋洋地在游客面前打盹儿，也可以选择闭门谢客。尤其对于很多体型娇小、性情谨慎的动物，这样复杂的环境下，游客确实很难看到它们。在这个时候动物园的引导就起到了至关重要的作用。首先科普展牌非常重要。动物不可能随时都以良好的状态面对游客，游客也很难有耐心一直盯着空荡荡的展区，所以除了看动物，其实阅读科普展牌在很多动物园中占据了游客绝大多数的时间。还是以刚才提到的伦敦动物园的"狮之领土"展区为例，科普展牌介绍了亚洲狮现在的濒危状态，还原了当地护林员观察亚洲狮的简易帐篷，帐篷中有详细的生态记录笔记本以及他们每天巡护的路线图。接着还展示了一张保护区的地图，地图上标识出哪些地区的亚洲狮出现了人兽冲突，人和亚洲狮的矛盾有哪些，当地政府是如何解决这些问题的。这些科普展牌全面而立体地呈现了亚洲狮的完整生态形象，远比单一地介绍它叫什么、吃什么、在哪儿分布这些更有趣，游客也更爱品读。科普展牌的内容要有趣味性，引发游客驻足，同时需要有系统性，连贯地介绍动物的自然生活史、历史演化、物种文化及其与人类的关系等内容，好的科普展牌会让有心的游客忍不住记笔记。其实通过看动物本身，能够传递的信息一定是有限的，那么动物园的科普职能就需要更多样的展示方式来实现。与动物配套展出的周边就是关于这个物种的故事，让游客有机会了解到它们从哪里来，它们经历了什么，又将去向何方。

　　除了科普展牌，饲养员的讲解和示范也能很大程度上减少游客因为看不到动物而产生的质疑。很多饲养员会定时出现在游客通道，用喂食的方式引导动物自己走出来。在澳大利亚动物园的湾鳄展区，这些大块头像一根根枯木一样，在水中一动不动，水面上漂浮的都是浮萍，游客想看到这种现存体型最大的爬行动物，可谓难之又难。面对一潭绿水，游客的抱怨非常合理。这个时候就需要饲养员出场了，他们会将肉块挂在钩子上，探入湾鳄领地，在不断拍打水面后，只见湾鳄突然跃出水面，激起层层水花。这种视觉体验无疑是震撼的，也是美妙的。换言之，如果单凭游客自己守株待兔，可能一周时间湾鳄都未必会有什么动作。

　　在设计动物展区的时候，不但要考虑动物的福利，让它们生活得更好，也需要考虑游客的福利，让我们看得更好。可以通过一些小技巧，让它们心甘情愿地出现在游客面前，两全其美岂不美哉。定点投食是一种方式，每次都在游客面前给动物喂食，于是在它们吃饭的这个时间内，游客是可以看到动物的。尤其一些小型鸟雀类的展示，它们取食的频次很高，属于随吃随拉型，所以只要把食盆摆在靠近游客的地方，一个个吃播就开始轮番上演，而且经常是"一播未平，一播又起"，游客看得是相当过瘾。另一种方式则更为巧妙，我在东京上野动物园的绿孔雀展区就感受到了。尽管孔雀看起来很大，但在分类学上属于雉科，所以其实孔雀就是一只拖着长尾巴的"走地鸡"。养过鸡的朋友都知道，鸡喜欢上架休息。对于孔雀来说，这组长长的尾上覆羽在很多时候挺累赘的，因此它们停歇的时候往往希望站在一根高高的树枝上，让尾巴自然垂下来。上野动物园的设计师巧妙利用了这个特点，在游客展示窗前横着几根粗细适中的树杈，距离地面高度刚刚好，绿孔雀对这个位置也表示充分认可，一天中的很多时间都站在这里。整片尾上覆羽垂下来，阳光洒在脖颈鳞片状的

▲理想的展区设计可以让动物出现在该出现的位置

羽毛上，从展窗看过去就像一幅画。这种小技巧的应用需要对于各种动物的行为非常了解，既不损害动物福利，又能保证游客欣赏效果。

动物园展出的动物千奇百怪，什么样的都有。有些动物热情大方，有些动物害羞胆怯。确实有些动物不管如何投食引导都不太喜欢露面，这种情况下就要充分考虑一下环境是否合适了。北京动物园有一个神秘的展馆叫作夜行动物馆，这里面展出的动物都有个特点：夜猫子。蜂猴是一种生活在热带的小型灵长类动物，眼睛超乎寻常的大，因为行动慢吞吞的，也叫懒猴。这种动物就是昼伏夜出，白天只会睡大觉，遇到一点强光就躲起来蜷成一个球，所以动物园根据这个特点把它搬到了夜行动物馆，馆中一片漆黑，只有展区内有一点点微弱的光。游客需要让眼睛多适应一下这个弱光的环境才能看到动物。而蜂猴在这种光环境下可开心了，完全没有白天在室外的那种羞怯，攀爬取食，活跃得很。甚至有一次我还亲眼看到了一只蜂猴以迅雷不及掩耳之势抓住了一只饲料蝗虫，那动作可一点儿也不懒。同样在夜行动物馆中居住的还有各种猫头鹰，它们在人造夜色的笼罩下，两只眼睛熠熠生辉，一扫白天慵懒的疲态。

去对了时间，找对了展区，又能看到丰富多彩的科普展牌，就算找不到动物也没那么焦躁了。其实换个角度，根据每种动物的自然史，有时游客看不到动物或许也是一种动物该有的自然状态。

斑马居然和狮子养在一起

　　儿时的经典电视节目《动物世界》反复向我们输出了一个事实：狮子爱吃斑马。每期30分钟的动物世界里，狮子总是在乐此不疲地追逐斑马，这一对生死CP也深深地刻在了我的脑海中。直到2018年夏天，我去大阪天王寺动物园游览，一个令人大跌眼镜的画面才刷新了我对狮子和斑马的认知。

● 视觉混养的奥秘

　　这座动物园的历史还是非常悠久的。在日本，除了东京上野动物园（建于明治15年，即1882年）和京都动物园（建于明治36年，即1903年）以外，排名第三的便是大阪天王寺动物园（建于大正4年，即1915年）。看起来并不起眼的小园子，已经100多岁了。由于位于寸土寸金的市中心，所以天王寺动物园面积并不大，只有北京动物园的八分之一。里面的展区不乏一些上世纪年代感很强的"老古董"，不过非洲热带草原（African Savanna）

展区是新建的，那天我便直奔这里。

走进展区的第一个场景，我就惊呆了。面前是一幅东非稀树草原的画面，近处有一块巨大的"荣耀岩"，像安排好了似的，上面趴着一头雄狮，旁边是它的后宫佳丽。你以为这就结束了？狮子后面，我看到了几只斑马，自顾自地低头吃着草，丝毫不关注狮子。别急，还有呢——远景处，一头头长颈鹿闲庭信步地朝着游客张望，左侧还有几只大羚羊，这画面仿佛把游客带到了非洲马赛马拉草原。"沉浸式展示"这个词不用多做解释，身临其境的游客都会有这样的体验。可是等等，狮子和斑马、羚羊养在一起？动物园还能犯这么愚蠢的错误？

这其实是很多国外动物园在展区设计和动物饲养方面常用的技巧，叫作视觉混养。这种做法并非真的把几种动物养在一起，狮子、斑马、羚羊只是看似处于一个空间，游客一眼望去，满眼"非洲"。但事实上，它们三个物种之间存在一条隐藏得非常好的壕沟。所以放心吧，狮子拥抱不了斑马，羚羊也高枕无忧，至于为什么把长颈鹿放在远景展示，当然是因为它个子高，充当远景再合适不过了。

等我绕到展区的背面，长颈鹿就成了近景。不过仔细观察，又有惊喜：在长颈鹿和游客之间有一片水域隔开，水域中饲养的是大嘴巴的非洲秃鹳，和长颈鹿实现了视觉混养。当我以为这是全部时，突然被一阵鸟叫声吸引，抬头一看，游客头顶的树上

▶一眼望去，这群动物竟然养在一起

有一个鸟巢。但这鸟巢不像日本本土的，后来我辨认出这是非洲织叶鸟的巢，里面播放着阵阵鸟叫。从视觉到听觉，这细节不得不让人佩服。随后的斑鬣狗展区、黑犀牛展区和蹄兔展区，都能通过某个角度形成错觉，好像这些非洲动物就生活在一起似的。而全部逛完后，我才意识到，整个非洲热带草原展区，面积还不足一万平米，方寸间竟然能有这么大的空间错觉，简直神了！

这种展区设计的方式看起来挺新颖的，但并不是什么新鲜事儿。因为在1907年的德国汉堡，就已经有人这样做了。动物商人哈根贝克用自己的名字命名了一座动物园，这也是给动物展示带来史诗级变革的动物园——德国哈根贝克动物园。他的动物展示理念是革命性的，具有划时代的意义：尽可能去掉铁栅栏和笼网，用隐藏的壕沟将动物分

▲视觉混养的空间秘密

隔开来。这是欧洲人乃至全世界第一次认识到，原来动物可以不在笼子里。除此之外，他还提出用石头假山、植物、水域等给动物展区造景，为游客带来沉浸式的体验感。最让游客兴奋的是这座动物园的非洲展示区：从正面视角看过去，近景是一片湖泊，一群火烈鸟直接带来色彩明艳的视觉冲击；中景的地势抬高了一些，展出的是斑马和非洲鸵鸟；随着地势继续抬升，大块的岩石上栖息着非洲食物链顶端的狮子；最远处的一座高山成为狮子的背景，但没有成为展区的结束——山上也有主角，这里展出的是北非蛮羊。这是一个从低到高，一路拾阶而上的展示区，但从正面看过去，就是一幅完整的非洲生态图谱。虽然放在今天看，有些动物展示略显粗放，但这个理念一直影响了动物园展示行业至少100年。

● **混养顺带丰容**

有游客可能要问了，虽然彼此够不到，但至少能看到闻到，这斑马就这么淡定吗？事实上这种视觉混养，动物彼此隔离，但还是能通过很多途径接触。比如狮子在标记领地的时候，经常会用喷尿的方式，尿液气味冲，还很持久，斑马们肯定隔着壕沟也闻得到。每天傍晚，狮子会间歇性地发出低沉的吼叫，阵阵狮吼声能传遍整个动物园，斑马也不可能充耳不闻。至于斑马闻到听到后，是恐惧、兴奋，还是新奇，答案只有它们自己知道。但原则上，各种混养都需要在保证每种动物的福利的前提下，才能够进行。

气味丰容：也叫嗅觉丰容，在圈养环境下，以提高动物福利为目的的，为动物提供各种气味刺激，丰富动物的嗅觉感受，以激发动物的探索行为。气味丰容一般会用到动物粪便、分泌物、芳香植物、人工合成香味剂等。

除了隔空"互动"外，斑马狮子这对CP还真的有一些面对面的接触机会。前文我们提到过"气味丰容"，为了让狮子们的生活多一点点新鲜感，饲养员会把混有斑马和羚羊尿液粪便的干草收集起来，提供给狮子。我曾在动物园的狮子展区内见过一只四四方方的"斑

▲纸斑马给狮子来了个丰容

马"，其实是用快递盒糊成的，纸斑马肚子里放的就是真斑马给的小惊喜。狮子发现后，标志性地一把扑倒，然后三下两下撕扯开纸斑马的肚子，享受地闻了起来。我们家里的猫咪见到猫薄荷也不过如此。最后光闻还不够，狮子甚至在斑马草上打起滚来，把味道沾得满身都是。看来，为了猫草而发疯的不止家猫，大猫小猫无一例外。

咱们国内的动物园中，城市动物园历史悠久，展区建成已久，想要实现视觉混养难度不小，而一些在郊区新建的野生动物园，因为地盘过大，所以干脆就把食性差不多的动物直接混养了，至少目前视觉混养在国内还很罕见。对于一些准备进行展区改造的城市动物园，尤其是依山而建，有地势差的园区，视觉混养是个不错的主意。大胆设想一下，近处红腹锦鸡和小鹿追逐嬉戏，中景处斑羚、鬣羚若隐若现，高处出现一头孤傲的羚牛，一幅西南山地的画面跃然而出。希望在不久的将来，我们的动物园中也能看到这种综合的沉浸式展示区。

河马馆为什么这么臭

● 刻骨铭心的臭

臭味，已经成了动物园"深入人心"的刻板印象，春晚相声《虎口遐想》中对于动物园的定义就是四个字：腥臊恶臭。这一下基本上就给定了性了。提到动物园，大家就皱眉头："多臭啊……"尤其是那些"造粪大户"，比如大象、河马、犀牛等，走进这几个室内展区，扑面而来的臭味能让人窒息，待久了甚至会感觉脑仁儿疼。这就是上世纪传统动物园的真实情况，难怪大家对于动物园的臭刻骨铭心。

动物园的臭味主要来自动物们的排泄物，也就是每天排出的屎尿，此外还有动物自带的腺体。其实这对于动物来说再正常不过，就是它们的日常，只不过在当时有限的展览空间和展示条件下，浓度过高的自然"野"味儿一时让游客难以承受。

以河马为代表的大型食草类动物是臭味的重灾区。首先河马是热带动物，在中国北方大部分城市中，它们一年中有一半的时间都要生活在室内，考虑到保温优先的原则，通风散味儿就只能放在第二位了。一个体重3吨的造粪机器，仅一天就能产生85千克的粪便，相当于一个成年男性的体重。在它们的非洲老家，甚至出现过上游河马聚集，下游鱼群集体死亡的壮观场面。美国生态学家阿曼达·苏巴鲁斯基发现，马拉河下游的鱼大量死亡，元凶居然是河马的粪便，于是写下一篇论文，题目就是《河马产生的有机物负荷导致补给过载，造成下游缺氧和鱼类死亡》。这样的排泄量在那些没有过滤系统的动物园小池子中，一两天就能让池子变成粪坑，再加上换水不及时，散发出的味道大家完全可以脑补出来……此刻无比敬佩河马馆的饲养员。

▲河马粪便分发中，拒收请闪开

再来看看河马独树一帜的排便方式。它们采取喷溅的方式排便，小短尾巴在排泄的时候无法抬起，而是像汽车雨刷器一样高频快速地左右摆动，把本来固态的粪便甩向四周。如果你仔细观察就会发现，很多河马室内展示区的墙上都有它们不辞辛劳的"作品"，可谓"发粪涂墙"了。粪便若是都在水中还好清理，飞溅得四处都是就很难清理了，也难怪河马馆里气味最浓郁。

● 展区内的"臭味治理"

不过随着动物园展示水平的提升，这种情况已经得到了大大的改观。就拿北京动物园来说，2000年新建的犀牛河马馆坐落于动物园北区，尽管聚齐了两大造粪主力，但室内场馆的空气却无比清新，清新到可以利用馆内公共空间来搞餐饮副业。现在很多小朋友对于北京动物园犀牛河马馆最深刻的印象，莫过于香喷喷的烤肠、各式冷饮、冰淇淋、热乎乎的泡面快餐等。

这是怎么做到的呢？物理隔离是最直接的方式。现代的展示区中游客和动物之间有一层玻璃，既不影响采光和游客视线，又很好地阻隔了气味的蔓延，而且保温效果也比较理想。另一个办法就是池水过滤，通过24小时不间断地过滤系统，来保证水质清洁，并且最大程度上降低水散发的气味，可以说园方已经非常努力了。而我在新加坡动物园看到的倭河马展示区，展示了完全不一样的场景，堪称美如画：一个巨大的玻璃缸前，摆着几条长椅供游客坐下观察，而玻璃缸里面是清澈见底的水，水中"奔跑"

着一只倭河马，身后还跟着一群鱼。没想到吧，河马居然可以养在"鱼缸"里。这也是我第一次从侧面观察一只水中的河马，动物园在展牌上用心地介绍了这个缸体的运行情况，解释了为什么这里没有气味。新加坡位于热带，倭河马展区完全在室外，通风散味本就不是问题。重要的是缸体非常大，游客展面的长度就有10米以上，而其中只养了一只倭河马（一种小型河马，生活在丛林中，体长仅有1.5米）——环境足够大，动物足够少，这样的条件下环境是有"自洁能力"的。最后还要说一下缸中独特的"过

▲河马展区也可以优雅又芬芳

滤系统"，除了传统过滤外，倭河马后面跟着的一群鱼起到了重要作用。它们是非洲原生的罗非鱼，在缸里主要的作用除了展示共生动物外，就是分解消耗粪便。没错，这种鱼是能够以倭河马粪便为食的。在保证粪便和鱼的数量成比例的情况下，这样的展示就显得合理且高级。

● 解读动物的"臭"

臭味作为动物园中的一种嗅觉体验，其实仔细分辨的话也会有不一样的感受：事实上每种动物的"臭"也是不一样的。古有闻香识人，现在我们可以尝试一下"闻臭识动物"。早在《吕氏春秋·孝行览·本味》中，就有对动物气味（味道）的描述："夫三群之虫：水居者腥，肉玃者臊，草食者膻。臭恶犹美，皆有所以。"这个识别的方法可以套用在动物园气味识别中。在大象、河马、犀牛、羊、鹿、骆驼等食草类动物的笼舍附近，我们闻到的是那种带着青草气味的臭，这种臭并不刺激，甚至伴随草香味，仿佛走进了养牛场；而走到狮虎山，那种臭味夹带着肉食消化后的气味，非常浓烈刺鼻，是一种腥臊味；到水獭这种吃鱼的动物附近参观时，那味道就又不一样了，腥味的成分更多。

除了排泄物外，其实动物园还有一种味道是被大家忽略的，就是一些动物腺体的分泌物。动物在野外环境下需要标识领地，尿液是一种方式，腺体则是另一种手段。很多动物会在石头、树干、泥土甚至河流中留下腺体气味。比如林麝，它的肚脐下方就有一个广为人知的腺体，会分泌一种特殊气味，这种成分后来被我们人类定义为：麝香。很多灵猫科动物，如椰子狸、果子狸、熊狸等，都有各自特殊的腺体味道。武汉动物园的熊猫馆中，工作人员专门挑选最新鲜的熊猫粪便，让游客嗅闻，体验一下带着竹叶芬芳的原始气味。这些独特的味道就存在于动物园中，仔细

▲不要小看"屎尿屁"，这可是动物重要的社交环节

去寻找的话，将会丰富我们的动物园嗅觉体验。

关于臭味，如果动物园能在科普展示中做出正确的解释引导，也能打消游客的顾虑。广州动物园刚刚引入的两对豺生活在小动物区，这些新住客

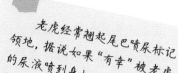

老虎经常翘起尾巴喷尿标记领地，据说如果"有幸"被老虎的尿液喷到身上，小区里的宠物狗都会对你敬畏三分，那可是王者的味道。

入住后，随之出现的几张科普展牌成了亮点。其中让我印象最深刻的就是，展牌上明确写出了"这里可能会有令人不愉悦的气味，这个气味源自动物标记领地的行为，有传递信息的作用"，非常科学并通俗地跟游客说明了"臭味"的来源和用途。想必看过这个科普展牌的游客，下次就不会对"臭味"这么埋怨抵触了。

动物园中最不缺的就是各种动物粪便，其实如果利用得当的话，反而能够起到一些意想不到的效果，比如给动物园创收，甚至作为动物园的一个新标签。斯里兰卡大象孤儿院公园收养了无法回到野外的亚洲象，我在这里参观游览的时候，最吸引我的不是成群大象的壮观场景，而是园内售卖的文创产品。这些文创产品都是用大象粪便制作的。先把象粪进行无菌处理，然后做成象粪雕塑，还能做成纸张，再进一步制成象粪书签、笔记本和明信片，原材料当然是取自园中这些庞然大物。这些文创产品摸起来是粗糙的手感，闻起来一点异味都没有，成功树立了动物园的一个新名片。我们国内的南京红山森林动物园中，园方用动物产生

的粪便进行发酵处理后，做成了有机肥料公开发售，结果供不应求，这可比市场上的肥料"劲儿更大"，用过的人都说好。

臭味在动物园中其实挺正常的，有了动物园的正确引导和游客的充分认知，大家就不会闻臭色变了。如果能把"臭"做一个合理转化，臭味还可以在游客印象中完成逆袭。有心的发烧友游客，不妨循着味道体验动物园的嗅觉盛宴。

夜里的动物园热闹吗

　　我们游客逛动物园都是在白天，看到的也是白天的动物园，好像很少有游客能观察到动物园晚上的样子。于是就有各种各样的传说在民间流行："我家就在动物园附近住，晚上动物园可热闹了，鬼哭狼嚎的，什么声音都有……""晚上游客们都走了，动物园就把关了一天的动物撒出来放风，那阵仗……""动物园的动物都是人扮演的，晚上他们也都按时下班了……"各种荒谬传言的出现，主要还是因为大家对于晚上的动物园并不了解，那么咱们就来揭秘一下，晚上的动物园到底什么样。

● "下班"后的动物园

　　先说说动物。晚上的动物会干吗？其实和我们人类一样，白天的展出对于动物来说也是一种"坐班"，每天在展区内，接受各种各样游客的目光甚至不文明行为，当游客离开后，它们也理所应当地"下班"了。在动物园，大部分动物都有一个私密的

"卧室"，也就是游客看不到的室内兽舍，当动物"下班"后，它们会回到室内兽舍中。一方面里面更加温暖安静，也有属于动物自己的隐私空间，能够休息得更好；另一方面也是出于动物安全的考虑。东京上野动物园就发生过因为晚上没有把黑豹收回内舍而引发逃逸的事件。尤其是大型猛兽，晚上一定要保证将它们安全请回"卧室"休息。

那么问题来了：动物想去哪里是它们的自由，饲养员怎样才能做到让它们按时下班回家呢？其实饲养员在长期和动物相处的过程中，早就建立了信任，一般来说饲养员一声呼喊，动物们就乖乖地回去了，甚至形成了条件反射——打开卧室门，它们就知道要干吗了。同时，下班时间也是开饭时间，动物们也知道回去是有饭吃的。尤其是食肉类动物，饿了一天了，大块的牛肉羊排已经准备就绪，何乐而不为呢。所以动物满园子溜达完全是无稽之谈，晚上的动物园展示区反而看不到动物，因为它们都在卧室就寝了。

有没有不用回到卧室的动物，能让我们观察观察夜间的行为呢？说个我自己的经历吧。北京的冬季天黑得特别早，下午5点半不到天就黑了，那天园子里也没什么游客，我也开始往北京动物园的出口走，周围的游客越来越少，反倒是动物们越来越精神。因为自然界中，很多动物的节律特点都是昼伏夜出，在晨昏期间是最活跃的。这次独特的游园体验也非比寻常。首先吸引我的是犬科动物区，因为那边传来的"三重奏"。最容易识别的是狼嚎，傍晚它们彼此交流呼朋唤友，抬着头长啸，确实和影视剧

▲夜幕降临，动物园的原创音乐会开始了

中的声音一模一样。这样的声音此起彼伏，经常是一头狼先叫，其余的狼附和，延绵悠长。然后是斑鬣狗，这种非洲草原上的大反派在电影中是"嘿嘿嘿"那种邪恶的叫，现实中的声音像拉长调，加之夜色的渲染，确实感觉有点阴森。中间还夹杂着豺的叫声，像小鸟叫一样，几只聚在一起，唧唧叫个没完。再往出口走是小兽区，那里养着雕鸮，体型最大的一种猫头鹰。在白天雕鸮基本上眯着眼睛，除非有熊孩子拍玻璃，它们才会不胜其烦地把眼睛张开一条缝，瞄一眼"这是谁家熊孩子"。但这个时候完全不一样了，借着微弱的灯光，我看到雕鸮一扫白天"睁一眼闭一眼"的倦态，一脸的神采奕奕，两只眼睛烁烁放光，"眼睛瞪得像铜铃"用来形容此刻的它们再合适不过。

● 别具特色的夜间动物园

绝大多数动物园晚上都是要静园的，所以并不是每个人都有机会看到动物晚上的一面。这个时候就要分享夜晚参观动物园的"圣地"——新加坡夜间动物园。喜欢逛动物园的游客都知道，新加坡拥有世界上最优秀的动物园群，包括新加坡动物园、新加坡夜间动物园、河川生态园、裕廊飞禽园，其中夜间动物园的展示方式最特别，就是专门为游客揭秘夜晚动物园的地方。

夜间动物园白天并不待客，这里的动物白天休息，晚上上班。晚上7点准时开门，这个时候天基本上也就黑了。展区内并不是我们想象中的一片漆黑——丛林的夜晚也不会完全黑透——在展区的上方悬着一盏不那么明亮的白色灯泡，因为周遭环境黑暗，所以这个灯泡照明效果异常地好，能隐约看清整个展区。这个灯泡是干吗用呢？相信你已经猜到了，是模拟月光。

在夜间动物园中，主要展示的都是夜间活动的动物，比如云豹、豹猫、渔猫等这些白天羞涩的中小型猫科动物，晚上才是它们大显身手的时间段。在这里我甚至目睹了渔猫在展区水池中捕鱼的场景：夜晚的它们，一扫白天的酣睡状，变得一点儿不怯生。一些啮齿类动物，白天东躲西藏生怕被当成加餐，晚上胆子就大了起来，窸窸窣窣地出来觅食。还有一种动物，你可能很难想象也是夜行的，那就是河马，白天的它们怕被阳光灼伤皮肤，所以需要一直泡在水里，晚上会成群结队地上岸吃东西。《黑猫

▲云豹——夜的明星

警长》中吃红土的小偷夜间作案，确实是河马生活习性的真实写照。

　　原来晚上的动物园这么热闹，那么是不是这些动物都不睡觉，折腾一整夜呢？其实并不是。大部分的动物昼夜节律是很明确的，虽说是昼伏夜出，但真正活跃的时间是日落后到接近凌晨这段时间内。尤其是对于食肉类动物而言，这个时候光线偏暗，猎物视力受限，是捕猎的最佳时机。凌晨之后的时间它们也是要睡觉的。从一些国外的动物园纪录片中我们可以看到，兽舍的监控摄像头拍到的画面里，斑马、狮子、大象们，晚上也要睡觉，而且比我们更规律。不过像猫头鹰这类动物，确确实实整晚都精神，夜猫子绝不是浪得虚名。

　　等到动物都回到了室内兽舍，饲养员们还需要一直陪着它们吗？这个就要视情况而定了，日常情况下，饲养员把动物收回室内兽舍，确定了落锁安全之后，就可以和他们饲养的动物一样，正常下班了。整个晚上动物独自在室内兽舍中过夜，当然现在科技发达，兽舍中都会安装摄像头，饲养员在家也能随时了解动物的情况。如果遇到动物临产、受伤的情形或是有新进的动物，饲养员就要辛苦一下了，这种情况下他们需要值夜班，以应对突发状况。尤其是很多动物妈妈都喜欢在夜深人静的时候生下宝宝，这个时候饲养员最好能够第一时间发现，并采取相应的措施。

　　如果所在的城市没有夜间动物园，我们又不能一直赖在动物园等天黑，怎样才能观察到晚上动物园的样子呢？有种展馆就解决了游客的需求——夜行动物馆。东京上野动物园的夜行馆让我印象最深刻。首先比较惊讶的是，这家动物园有三个夜行馆，各具特色。马达加斯加展区内的夜行馆中，展出的是珍稀罕见的指猴，其中指细长，在夜晚静悄悄的环境下，它们凭借敏锐的听觉和视觉可以洞察出哪根树干中有虫子，然后咬开一个小口，用中指把虫子钩出来。而在苏门答腊虎展区旁的夜行馆中，地位最高

▲害羞的穿山甲最适合在夜间展示

的大咖是中华穿山甲，它们也是
孤独而羞涩的独行侠，白天躲在
洞中睡觉，夜行馆昏暗的氛围让
它们轻松自在，我去的时候小
家伙正在吃东西呢。最后一个
夜行馆叫作"夜之森"，氛
围有点瘆人，里面展示的是蝙蝠。白天
根本无法看到它们，但在夜行馆中它们在展区内飞行并互相交
流，虽然画面有点不寒而栗，但这种体验是前所未有的。

夜晚给了很多动物安全感，让它们的行为更加自信舒展。无论是在夜行动物馆还是夜间动物园，切记一定不能用闪光灯拍照。

　　在充分尊重动物自然史，满足动物福利的情况下，将夜晚
的动物园展示给游客，不失为一大创新。在揭开夜晚的神秘面纱
后，动物园能展现出更多的勃勃生机。

The art of visiting a

ZOO

4 动物谈恋爱

动物幼崽憨态可掬，
而爱情的前奏壮丽激烈。
动物园中的繁殖往往伴随着饲养员激动的泪水
和游客愉悦的欢笑，
当然，也会有不为我们所知的遗憾和叹惋。

红腹锦鸡居然会川剧变脸

● 有趣的"性二型"

大多数动物这一生，主要为了两件事而奔波操劳。第一件事是安全和温饱。作为一个有生命的动物，首先需要在这个世界上活下去，因此觅食、饮水、躲避天敌、划定领地，都是为了最基础的生存。第二件事则是繁衍。活下去之后，进而需要考虑的就是怎么将自己的基因传续下去，求偶、争斗、炫耀、交配、产崽、育幼，这些都是为了繁衍生息而发生的行为。所以我们在很多纪录片甚至动物园中看到的诸多行为，基本可以归纳为"不为生存，便为繁衍"。

动物的繁殖行为多种多样，有些甚至不需要行动，往那儿一站，就带着满满一身的荷尔蒙。这篇咱们就聊聊动物园中能看到哪些繁殖行为。

既然要繁殖，区分性别就是特别重要的，所以很多动物在演化中都出现了"性二型"的特点，通俗说就是男生和女生长得不一样。我们熟悉的狮子就是很好的案例，雄狮脖子上长有浓密的鬃毛，而雌狮的脖子上则光秃秃的。这鬃毛到底有什么用呢？根据科学家的分析，鬃毛颜色越深，越浓密，就越能吸引雌性的关注和青睐。所以在雌狮眼中，《狮子王》电影中的刀疤可能比木法沙更"英俊"。再比如孔雀，雄性孔雀的大尾巴异常绚丽——注意我们看到的长长的并不是它们的尾羽，而是尾上覆羽。至于

▲常见的性二型的动物

这羽毛的作用，想必不用我说了吧，开屏的样子不但吸引了雌孔雀，还吸引了动物园大大小小的游客。没错，很多性二型的动物，身上这点区别主要是为了吸引异性。你还能举出哪些性二型动物的代表呢？

鸟类的求偶方式一般都比较奔放，它们会用婉转的鸣叫、炫彩的羽毛、灵动的舞步甚至讨好的小礼物去博得雌性的芳心。你发现了吗，在这方面它们一点不比人类的方法少。春季，我在雉鸡展区前，能美美地欣赏一天求偶大比拼。第一个上场的是红腹锦鸡。在详细展开之前，我要先说一个细节：动物园展示的时候，如果空间足够大，就会多只红腹锦鸡一起展示，这样游客就有机会看到雄性之间的争斗；而空间不足的情况下，一般会展示一雄一雌。这个时候，前面的争斗环节就省去了，上来便直奔主题。

● 红腹锦鸡的求婚仪式

初次见到红腹锦鸡的朋友，一定会因为它夸张的配色而惊叹：头上顶着金色的冠羽，脖子上是黑橙相间带斑纹的羽毛，颇有点"虎皮披肩"的味道；翅膀羽毛紫蓝色；肚子则是红彤彤的一片；身后长长的棕色尾巴往上翘着，还有黑色斑点。读到这里，你是不是迫不及待地想打开手机查查这漂亮的雉鸡到底长什么样呢？既然都有这么高的颜值了，求偶肯定要用外表吧？其实不然，红腹锦鸡属于明明能靠脸吃饭，但偏偏就是要靠实力。在动物园不大的展区内，雄性小碎步紧跟着雌性，两步跑到雌性面前，稍稍低下头，然后将脖子上那个"虎皮披肩"刷的一下展开，把脸挡住的同时，最大化地把披肩秀给对方看。那感觉就像红腹锦鸡小哥哥拿着一把折扇，在小妹妹面前一抖。更形象的比喻就是，红腹锦鸡仿佛学会了川剧变脸，一分钟内刷刷刷好几副面孔，让雌性应接不暇。这一套攻势下来，雌性可能就被折服了，接下来就是水到渠成的交配和繁殖。下次春季再去动物园的

▲请接收红腹锦鸡发出的美颜暴击！

时候，记得在雉鸡展区前多停留一阵，注意观察那些成双入对的红腹锦鸡，你可能就会看到求婚的变脸戏法了。

● 动物界的模范夫妻

除了展示跳舞外，动物求偶中还有一个方式很有趣，那就是"讨好"。听起来是很人类化的一种方式。走，跟我一起移步热带鸟馆。这里饲养着原产于我国云南省的双角犀鸟，因为头上长着巨大的骨质突起，让人联想到犀牛，所以得名犀鸟。双角犀鸟的繁殖可有趣了，首先为博得雌性的青睐，雄性需要不停地给对方一些小礼物，比如它们最爱吃的浆果，比如作为零食的昆虫，甚至还有一些小石块。犀鸟先生始终绅士地用各式各样的礼物讨好犀鸟女士，犀鸟女士则可以照单全收，把全部礼物都收下。但要注意，在犀鸟的世界中，收下礼物不一定代表答应了对方的求爱，即便全部收下，也可以拒绝。所以犀鸟先生不但需要花费心思准备礼物，还需要有持之以恒的耐心和越挫越勇的决心。

一对犀鸟结为夫妇后，模范丈夫才真正上线。双角犀鸟有个习性，就是在孵化期间，犀鸟妈妈要"关禁闭"。在野外环境下，犀鸟妈妈会找到一个合适的树洞，钻进去产卵。同时犀鸟爸爸就用泥巴把洞口封起来，只保留一个小圆洞，夫妇俩就通过这个洞去接递食物。犀鸟爸爸每天奔波带回食物，传递给犀鸟妈妈，她只需要肩负起孵蛋的工作就可以。等小鸟长大一些，爸爸会啄破泥窗，把妈妈和孩子一起迎出来。那么动物园能不能还原这个场景呢？我在上海动物园就曾看到，在犀鸟展区中，有一个用原木做成的巢箱，上面开了一个洞，巢箱下面，饲养员特意准备了一摊稀泥。这些条件都具备之后，犀鸟登场。如我们的预期，它们将野外的行为在动物园完整复刻了一遍。很多游客不明所以，于是动物园专门在旁边加了个说明牌，告诉大家这根原木的真正作用。引导公众认识自然，了解万物，这才是动物园的功能和职责。

说到动物界的模范夫妻，你还能想到哪些呢？是不是有人该说鸳鸯了？这也是一种羽毛超级华丽的鸟，在咱们中国传统文化中一直都是成双入对地出现。我们小时候，家里的新婚枕巾和被单上都有过鸳鸯的形象。

有些世代生活在动物园中的动物，缺乏习得自然行为的机会，甚至不会求偶交配，这时候就需要饲养员加以辅助，给它们看同类求偶交配的纪录片就是比较常用的方法。

和和美美，不离不弃，一直是鸳鸯给大家传递的恩爱夫妻人设，但事实如何呢？了解完鸳鸯的"自然设定"，它的"人设"可能要塌房了。在野外环境中，雄性鸳鸯的求偶堪称火力全开，每年秋冬季节，它们利用一身华丽的羽毛，花枝招展地吸引雌性，一旦配对成功后，确实形影不离，在雌性孵化期间，雄鸳鸯也会陪伴在身边。但小鸳鸯破壳而出之后，雄鸳鸯便会选择离开，接下来的带娃工作，则全部由鸳鸯妈妈完成。

北京动物园西区有几棵大杨树，仔细观察就会发现，树上有不少人工巢箱，那实际上是动物园为野生鸳鸯准备的家。没错，鸳鸯作为一种"水禽"，其实特别擅长攀登，它们会在野外树洞中筑巢。而长期栖息在北京动物园，持"野生护照"的鸳鸯，在水禽湖附近很难寻觅到适合的树洞，可谓"一房难求"，因此工作人员悉心为它们准备了人工巢箱作为产房。那么问题来了，小鸳鸯孵出来后，怎么从几米高的巢箱中来到地面呢？大家不妨在春夏季去北京动物园的大杨树下"蹲守"，因为你真的有机会看到小鸳鸯"高空蹦极"。这是小鸳鸯第一次接触这个世界，它们需要克服恐惧从巢箱中一跃而下。一般这个时候树下都会堆有落叶层，有了缓冲垫，落地也就更安全了。随即鸳鸯妈妈会带着它们找到附近的水塘，在惊险刺激的滑翔着陆后，紧接着就是第一次河畔下水，由此开启小鸳鸯全新的生命体验。

　　动物求偶是我们在动物园最容易观察到的行为之一，但很多游客朋友都表示：从来没见过你描述的这些啊。其实行为的展示需要展区、环境、气候、个体等各种因素的促成，但最重要的还是需要放慢脚步，耐心地让自己慢下来。跟随文中提到的时间线，相信大家都能在动物园中觉察到空气中涌动着的野性荷尔蒙。

▶小鸳鸯纵身一跃，开启全新的生命征程

恋爱的犀牛
需要"追"

　　动物园的生生不息和活力，很多时候都体现在动物们的繁殖方面。正应了《动物世界》中，赵忠祥老师的经典开场白："春暖花开，万物复苏，又到了动物们交配的季节……"但往往繁殖行为并不是每次去都能观察到，需要去对了时间，找对了季节，还得凭借一点点运气才能看到。

　　不同动物求偶的方式也不尽相同。前文提到，双角犀鸟先生会像人类一样，殷勤地送上各种好吃的果实，而犀鸟姑娘即便是接受了小恩小惠也不代表答应了求爱。各种雉鸡更为直接，雉鸡先生们尽其所能地展示靓丽的羽毛，而且还非常精准地选择在阳光灿烂的日子里，抖动浑身的羽毛，这正是：好一位潇洒美少年，举觞白眼望青天，皎如玉树临风前。这个时候的羽毛被称为繁殖羽，只在繁殖期才有，是它们的热恋高定限量版战袍。"空中制霸"金雕的求偶方式就更奇特了，本就拥有高超飞行技巧的它们，在求偶期翱翔天空，找到心仪的另一半后，会在空中和对方"八指相扣"，两只金雕"手拉着手"在空中比翼双飞，场景蔚为壮观。

这就是猛禽求偶中的"婚飞"，拥有这样飞行技巧的雄性才能被雌性选中，没点儿"花活"，休想在竞争中脱颖而出。

动物在繁殖求偶的过程中，有时雄性主动，有时则雌性积极，但有一种动物的求偶方式和我们人类特别相像——恋爱基本靠"追"。这里的追可不是追求的意思，而是字面意思：追逐。这种动物就是犀牛。

● 原来犀牛离我们并不遥远

现在国内动物园饲养的犀牛，大部分都是来自非洲的白犀南部亚种，个别动物园有展出黑犀和印度犀。很多游客看到犀牛后，都会不自觉地把这种模样奇怪的动物定义为"异域神兽"——那长相一看就是来自国外的。其实也没错，白犀黑犀都是来自非洲大陆，而且很多动物园会把它们和非洲象、长颈鹿、河马养在一起，并称为"非洲四大件"。但事实上，中国的野外曾经也是有犀牛分布的，而且饲养犀牛的历史，中国应该是最早的。唐宋之前我国的气候和现在不太一样，更加温暖潮湿，所以黄河流域就有野生大象。先秦《墨子·公输》中曾有这样的记载："荆有云梦，犀兕麋鹿满之，江汉之鱼鳖鼋鼍为天下富。"其中"犀"指的就是犀牛。看来在当时的湖北地区，犀牛并不罕见。

除了文字，犀牛在我们璀璨的历史长河中还留下了很多器物形象。从商代到战国，人们把犀牛视为神奇的动物，并创作出很多带有犀牛形象的器物。去过国家博物馆的朋友应该都对一件器

物印象深刻，那是一尊雕刻
写实的犀尊，肌肉浑圆，
显得庄重稳定，这就是铜犀
尊。从我国出土的西汉错金银云纹
铜犀尊、宋代鎏金犀牛望月镜架的
造型及特征来看，双角犀及独角犀

▲汉代犀尊

都曾经出现在中国，再加上文献记载的佐证，如屈原《九歌·国
殇》就曾用"操吴戈兮披犀甲"描述当时士兵所穿战甲的上品为
犀牛皮所制，可以初步判断，目前生活在亚洲的三种犀牛（印度
犀、苏门答腊犀、爪哇犀）都曾在不同时期出现于中国。

▲世界犀牛图谱

除此之外，犀牛在中国还曾经是被皇家饲养观赏的祥瑞之物。唐朝贞元年间，外国番邦为唐朝皇帝进贡过多头活体犀牛，它们享受着皇家礼遇，被安置在环境优越的园林之中，成为帝国最高级的宠物。在安史之乱后，大唐国运衰败，生于中唐、日见其衰、感念其盛的大诗人白居易曾写下"君不见建中初，驯象生还放林邑。君不见贞元末，驯犀冻死蛮儿泣"。他通过巨兽命运发出的悲叹，成为盛唐终结的缩影。由此可见，犀牛对我们来说是个稀罕物，但对于古人来说却一点儿也不陌生。他们在日常生活中就能看到犀牛，生活中也能用得上犀牛，就连心领神会心意相通时，也会想起"身无彩凤双飞翼，心有灵犀一点通"。

● 圈养犀牛的繁殖难题

然而，就是这样一种曾经生活在我们身边的动物，再度来到中国后，繁殖却成了一大难题。咱们国家建国后便开始在动物园中饲养犀牛，但迟迟未能成功繁殖。在同我们的近邻日本进行交流的时候发现，日本、欧洲等地犀牛的繁殖技术很成熟，尤其是日本宫崎野生动物园、神户市立王子动物园、多摩动物公园等机构，均在二十世纪六七十年代成功繁殖过白犀、黑犀、印度犀。他们的经验为我们提供了参考：首先犀牛的个体得多，因为动物和人一样，如果看不对眼的话，想让它们繁殖，难度堪比登天，有更多选择的话，势必也会提高繁殖成功的可能性。日本宫崎野生动物园当时就养了12头犀牛：4头雄性，8头雌性。

　　另一个对于犀牛特别重要的就是场地了。前面说到犀牛求偶靠追逐，这是因为犀牛这种庞然大物虽然体型硕大，但性格孤僻，在野外独居的它们并不合群。所以在发情期，饲养员也不能贸然把它们放在一起，而是需要隔开饲养，先让它们熟悉彼此的气味、声音。然后逐渐缩短空间距离，过渡到隔着一层栏杆让它们培养感情，如果观察到双方都还算温和友善，就可以逐步把它们放在室外运动场了。这个环节特别重要，一定要在室外进行，

▲雄犀牛用追逐的方式讨得异性欢心

因为双方一见面立刻会"剑拔弩张"，靠着鼻子上的角试探起来。别小看这种试探，它们动作没轻没重，稍不注意就会把对方顶伤，因此丧命的也不少见。

"约会"期间，雌犀牛会翘起小尾巴，排出尿液。这尿液里面的信息量可大了，雄犀牛翻起上唇，对这些信息照单全收，很快就能通过空气中弥漫的荷尔蒙确定对方是不是已经接受了自己。这个时候，室外开阔场地的优势就体现出来了，雌犀牛会在运动场中慢跑起来，而雄性这个时候必须穷追不舍，就算累得气喘吁吁也要一直追逐。日本宫崎野生动物园给犀牛准备的运动场有多大呢？答案是19万平米，比整个故宫的面积还要大。在这样的场地中，犀牛才能奔跑起来，而奔跑也是它们获得异性青睐的主要方式。所以在犀牛世界中，爱情确实是一段长跑，坚持到最后的才是胜者。

如果雌犀牛迟迟不答应求爱的话，大场地也起到了躲避的作用。若是被雄犀牛追到无处可逃，雌犀牛的处境就有些危险了。在狭小的环境中，很有可能会发生冲突，它们之间的一点点摩擦，都相当于火星撞地球。场地大，有的可跑，有的可躲，对于犀牛家族的繁殖至关重要。

交配成功后，犀牛妈妈要默默地等待510～548天的怀孕期（白犀），这个过程可比我们人类长多了，但它们跟我们人类的一些表现如出一辙，比如食欲大增、吃嘛嘛香，比如尽可能避免和其他群体在一起，避免发生争端等。当然最明显的特征还是犀牛妈妈的肚子越来越大，乳房也越来越明显，开始为即将出生的

▲犀牛宝宝降生后的第一件事就是努力站起来

小犀牛做准备了。

小犀牛刚生下来就有50千克重，是个淘气的大宝宝。刚出生的小犀牛瘫软在地上，这个时候犀牛妈妈会不停地踩踏或顶自己的宝宝，这是为什么？是在虐待自己的孩子吗？其实犀牛妈妈是在鼓励孩子尽快站起来。像大象、马、鹿、牛、羊等食草动物，出生后最重要的是独立站起来，喝到第一口初乳，这也就意味着它们迈出了"牛生"的第一步。一般一个小时左右，小犀牛可以自己摇摇晃晃站起来，两个小时后能摸索着找到妈妈的乳头，吃到第一口奶。在日本多摩动物公园出生的印度犀，甚至50分钟就能站立，一个半小时就吃上乳汁了。

在参观动物园的时候，如果想看到犀牛的求偶和繁殖，首先就得看看这里的犀牛是不是单独饲养，倘若长时间都是群养的话，那犀牛求偶的意愿就会受到影响。其次就是观察这里有没有宽阔的饲养场地，能给犀牛追逐的空间。外在条件都具备了，犀牛一般在每年的8~12月发情求偶，多来动物园，多进行观察，就有可能看到奔跑中的"小坦克"了。现在咱们国内的广州长隆野生动物世界、杭州野生动物园、济南野生动物园和昆明动物园都已经成功繁殖了犀牛，这个物种圈养繁殖的难关攻克指日可待了。

梅花鹿脑袋上怎么血淋淋的

有一次我在动物园游览食草动物区时，看到一些游客围在梅花鹿展区前面指指点点。爱凑热闹的我走上前去，只见展区中卧着一只体型健硕的梅花鹿，但它的脑袋上殷红一片，鲜血淋漓。游客们有的好奇，有的惊讶，有的拿着手机拍，还有的孩子感觉有点恐怖。旁边的饲养员忙不迭地跟大家解释：大家不用担心，我们刚刚给梅花鹿做了个小手术……

大部分鹿科动物都是"性二型"，就好像孔雀、狮子、长臂猿，是男是女一目了然。大部分鹿科动物的雄性头上都长着一对傲人的大角，这是鹿科大家族"纯爷们儿"的象征。其实"只有雄鹿有角"这个说法并不严谨。因为有的鹿雌雄均有角，比如为圣诞老人拉雪橇的驯鹿；相反，有的鹿却雌雄都不长角，比如我们俗语中说的獐狍野鹿中的獐（俗名：河麂）。

说到角，哺乳动物中长角的可不在少数，一般角都是表皮角质化的结果，大致可以分为三类。第一种为表皮角，是由毛发胶结而成，最典型的表皮角就是犀牛角。如果你有机会看到犀牛角的横切面，会发现那是一根一根毛发断面的感觉，那就是毛束胶结。第二种为洞角，顾名思义就是中空的角，一般在额骨上长出终身制的角芯，角芯外面套着的角质就是洞角。大家去贵州苗寨旅游时都被款待过角酒吧？没错，牛羊的角就是典型的洞角。它们不但能作为容器，还能作为乐器，号角就是用中空的牛角做成的。而第三种叫作实角，是直接在额骨上长出的姿态各异的"实心角"，这个角又厚又硬，鹿角就是典型的实角。

▲骄傲的大角，是鹿先生们行走的荷尔蒙

● 鹿角的用途

那么问题来了，鹿脑袋上顶着一副角，到底是干吗用的呢？经过研究发现，鹿角的主要用途是求偶和繁殖。你没听错，在鹿的世界中，谁拥有了大角，谁就更有可能找到心爱的另一半。一副硕大且枝丫分明的角，是一头雄鹿最值得炫耀的装备，有了一头威武雄壮的巨角，就是鹿界行走的荷尔蒙。有研究证实，鹿角在生长和发育的过程中，需要大量的钙质、磷酸盐及热量的积累。一头连饭都吃不饱的"弱势鹿"，必定没有傲人的大角。因此鹿角巨大也就代表了这头雄鹿的身体状况及基因极佳。但硕大鹿角的存在也给鹿的行动带来了诸多不便。这也从另一个侧面反映出，如果一头鹿顶着巨角，仍然还能行动自如、健步如飞、战无不胜的话，那么别犹豫了，它一定是鹿界的"高富帅"。

有时候，雄性之间单纯比较鹿角可能很难分出高下，还是不服怎么办？在鹿家族中，很简单很直接，不服就干。这个时候鹿角就是锋利的武器，两头"被爱情冲昏头脑"的雄鹿将用大角进行一场角斗：双方低着头，鹿角纠缠在一起，利用身体的力量将对手顶倒，直到一方认输落荒而逃，战斗才会终止。如果双方难分高下，就会一直这么打斗下去。在北美就有猎人见到过两个大角纠缠在一起的马鹿头骨，足见这场求偶之战的惨烈——直到战死，角都没有分开，可谓至死方休。

▶鹿角是雄鹿之间用于打斗的利器，这两只雄性白唇鹿正为爱情而战

● "小手术"的必要性

　　回到文章最初提到的场景，饲养员为什么要给动物园的鹿做"小手术"呢？因为发情期的雄鹿血气方刚，情绪非常不稳定，经常是杀红了眼六亲不认，有时候冲动起来，就连母鹿和小鹿也会成为它们的攻击目标，饲养员在靠近的时候也可能被它们误伤。而进入角斗期的雄鹿，角部都已经完成骨质化，又尖又硬，不亚于一把锋利的长矛，被这样的鹿角挑一下，不死也是重伤。

▲锯掉大角，是为了鹿和人的安全

所以在动物园，饲养员都会在鹿角还没有骨质化时就把它割掉，避免悲剧发生。

一般饲养员会先把鹿麻醉放倒，然后用扎带绑住鹿角的根部，过程中还需要用眼罩遮住鹿的眼睛（没有光线会让"手术中"的它们更加稳定安静），最后用手术锯从根部把整根鹿角锯下来。因为这个时候鹿角还没完全骨质化，比较软嫩，所以切割过程非常快，当然也会伴随着流血的情况。完成后打开眼罩，让昏昏欲睡的它们缓一缓，很快它们就能站立起来，一切如常了。

有游客可能要问了：为什么野外的鹿不需要割角，也不会造成"误伤"呢？因为野外环境足够开阔，在发情期，母鹿和小鹿一定会避开"杀红了眼"的雄鹿，任这些小伙子们耗尽自己的荷尔蒙。而在动物园，场地空间有限，经常是一群鹿在一起饲养，根本没有太多的躲避空间。这里面如果有一头发情雄鹿的话，其他鹿一定是避之不及的。

早早消除这个隐患一定是保障安全的，但游客未免有点遗憾，毕竟"带角的大雄鹿那才叫鹿嘛"，大家对鹿的认知都是头上顶着大角。因此动物园还有另外一种做法，在某几个特定时间段，给大雄鹿们开单间隔离。所以如果大家在动物园中看到一头住单间的鹿，不妨仔细看看它是不是

虽然鹿是食草动物，但因为头顶巨角，情绪不稳定，所以饲养员在打扫它们的房间时需要格外小心，处于发情期的雄鹿是必须隔离操作的。

头顶巨角的"暴躁男孩"。

那么割角的时候，一定都会血溅当场吗？这个倒未必，需要看割角的时间。因为同样是长在鹿脑袋上，但不同时间，它们的叫法、触感以及危险性完全不一样。每年春季，雄鹿的头顶都会冒出两个小小的疙瘩，这两个隆起会不断长大，形成鹿角的原始样貌。但有所不同的是，这两只"鹿角"表面有一层薄薄的绒毛，长得胖乎乎、圆滚滚，看起来和锋利完全不沾边，捏起来也是软中带硬的，没有坚硬的骨质感觉，触感就像猕猴桃一样，只有这个时候的角能称作鹿茸。鹿茸的皮下血管非常丰富，触觉灵敏，所以雄鹿们会小心翼翼地保护这顶由皮肤包裹着的"桂冠"。这个阶段也是"鹿角"最柔软的时候，切割起来更容易，只是一旦切割就一定会触碰皮下血管，于是就会出现文章开头的那一幕了。不过大家放心，虽然鲜血淋漓，但此时痛感并不强烈，只是画面过于血腥了。

● 藏在鹿角中的小秘密

鹿茸的阶段稍纵即逝，2～4个月后，鹿茸开始逐渐骨质化，这个时候雄鹿会感到不适，在野外环境中它们会用角在树干、石头上摩擦，将表面的绒毛及表皮磨去。这个过程常伴随着皮下血管的破裂，往往看起来格外血腥，但这就是雄鹿的"成年礼"。将外面的绒毛层打磨干净后，一对锋利的战刀就此问世，鹿角变得既锋利又坚韧，即将肩负起战斗使命。

随着时间推移，到了冬季（有的种类鹿角萌发时间在秋冬），雄鹿的角便会从根部完整脱落，来年再长新角。所以我们在野外徒步时，运气好的话就有可能捡到一根完整的鹿角。

说到这里，咱们不妨一起系统认识一下鹿角各个部分的名称。与头部连接的部分是鹿角的根部，叫"角盘"；角盘向上没有分叉的部分为角的根基，故名"角基"；再向上就出现了第一个分叉，鹿科动物第一分叉往往向前伸展（麋鹿除外），称为"眉杈"；此后的分叉均向脑后伸展，在主枝上分别长出第一枝、第二枝、第三枝等。这里教给大家一个炫技小技巧，日后如果在动物园看到一头雄鹿，你就可以大致说出它的年龄了。大部分鹿角的样貌其实与它们的年龄紧密相关，多数雄鹿一岁是不长角的，眉杈出现代表着两岁，第一枝代表三岁，第三枝四岁，以此类推。所以我们看到的那种威武雄壮的巨角大雄鹿，一般都是大叔级别的了。

下次再去动物园，看到头顶巨角的雄鹿，一定多看几眼，它们可是动物园中的"稀缺品"。相比投喂它们，观察那副壮美的鹿角更能感受到自然造物的神奇和灵动。在展区被夕阳笼罩的时候，树影中隐隐约约露出一副巨角，"林深时见鹿"这样的画面在动物园也能看到。

陪你去逛动物园

The art of visiting a
ZOO

5 动物看医生

动物可不像人那么听话。
为了让动物配合治疗，达到最佳的效果，
动物园的兽医们经常跟它们"晓之以理，动之以情"，
甚至斗智斗勇地给它们打针吃药……

狮子能配合定期体检吗

● 兽医院的"武林高手"

我们人类需要定期体检，以确保身体健康无恙，生活在动物园中的动物也是一样，体检是动物园兽医院每年工作的重头戏。给怀孕的鹿妈妈做产检，给斑马做足底保健，春天给细尾獴吃驱虫药，秋季给水禽打流感疫苗……不过这些动物多多少少都能由饲养员近距离接触，要是换成老虎、狮子这样的猛兽可怎么办呢？"好办啊，直接麻醉了就行。"很多游客都有这样的判断。确实，早些年在给动物治病的时候，多数都是用"直接麻翻"的方式，让它们进入"婴儿般的睡眠"，然后开展一系列的治疗工作。

不过麻醉有风险，实施需谨慎。因为麻醉特别讲究药物剂量的使用，麻醉剂给少了，可能治疗到一半，老虎打个哈欠坐起来了——这样的乌龙事件确实发生过。那干脆就多打一些呗？打多了，动物可能就再也醒不过来了。而且动物可不会乖乖地趴好，等着你往屁股上打一针。它们可聪明了，看到兽医院的大夫就立

▼每次为动物体检和治病，动物园的兽医都要施展吹镖绝技

刻警觉起来，想靠近都难。所以动物园的兽医院往往个个都是"武林高手"，他们会使用一种江湖失传已久的独门暗器——吹镖。简单来说，就是把注满麻醉剂的注射器放进吹管中，瞅准机会吹出去，需要让"暗器"稳稳地扎在动物身上，还得保证不被它们拔掉。整个过程短促且精准。接下来才是考验医术的环节。

除了难度大、风险高之外，用麻醉也是无奈之举，因为最大的问题在于：一只麻醉的动物，你怎么能够保证各项身体指标是准确的呢？它们在被麻醉前，已经被吓得半死了，麻醉后，身体轰然倒下，血液、神经、激素等或多或少会出现指标的紊乱。就拿大象来说，麻醉它本身就有极高的风险，身大体沉的它们，一旦被放倒，身体对于心脏血管的压迫很可能让它们再也站不起来，而且血样也会因为药剂的作用而变得不准确。那怎么办？让它们醒着治疗？没错，还真就得醒着治疗。兽医表示：要命吗？这个真的做不到。

● 神奇的行为训练

现代的动物园中，这事还真的就做到了。河马不用麻醉，能张开嘴配合做齿科检查；狮子不用麻醉，能站起来做身高体重数据采集；大象不用麻醉，能一边吃饭一边给它们做B超产检；老虎不用麻醉，能靠着笼子让兽医听诊心跳。这一切的一切，都源于现代动物园中饲养员的一个不为人知的工作——行为训练。

说到训练，游客们想到的都是老虎钻火圈、黑熊走钢丝这样

▲经过行为训练后，河马可以温柔地配合齿科检查

的训练。这些训练为的是博人一笑取悦游客，过程极其残忍，采取的都是鞭打体罚这种负强化方式，做不对就挨打，做不好就饿着不给食物。动物所做的也都是一些非自然行为，用"拟人"的方式对动物进行物化，现代动物园都是不提倡的。而行为训练是采取正强化，动物做对了，饲养员奖励。动物做错了，饲养员无视。渐渐地通过一些正向的引导后，动物就能用一些原本的自然行为去配合饲养员或者兽医们的日常工作。

狮虎山是行为训练的重要实践基地，因为这里面的住户都是不好惹的狠角色，又不能总麻醉来麻醉去的，所以饲养员跟它们"搞好关系"至关重要。养过猫的朋友都知道，猫咪在家特别喜欢用爪子挠各种硬质的家具，在上面留下一道一道的痕迹。这其实源于它们老祖宗在野外的一种行为，叫作"挂爪"。这里的"爪"指的是指甲，时间长了需要磨一磨才能保证长短合适，锋利无比。另外，在树木上挂爪也是野生猫科宣示领地的方式："嘿，哥们儿，这是我的地盘，躲远点，不然下次就在你脸上挂爪了……"所以咱们养猫的时候，家里会备着一个指甲剪，帮它们定期剪指甲。那狮子怎么办？除了在运动场中提供一些树木，便于它们打磨指甲之外，剪指甲势在必行。

饲养员会先用食物奖励引导狮子来到笼子边上。通过这种方式，逐渐让它们习惯趴在笼子边，进而习惯旁边放着的各种金属器械。一点一点放松警惕后，饲养员和兽医们就开始接触它们的爪子，起初只是隔着笼子抚摸，然后触碰指甲。习惯了指甲被触碰后，饲养员便尝试在它们面前打开电磨机，嗡嗡的噪声也是需要时间去脱敏的。当对电磨机也适应后，兽医才开始一点点接触狮子的指甲，直到最后它们对轻微的打磨能够适应，这个磨指甲的行为训练才宣告完成。

看似很简单的一个操作，可能需要饲养员一年甚至更长时间的耐心，一点点和动物建立信任。当然这一切也要归功于食物的诱惑（正强化）：每次狮子做对了，立刻给奖励，并且给予肯定的信号，长期建立起来的条件反射会让它们学会按照饲养员的指令完成动作，配合日常的体检和治疗。要强调的是，这个过程并不是让动物挨饿，而是在日常正餐能够保证的情况下，用动物更喜爱的"零食"去完成行为训练。比如斑马日常主食是干牧草，那么行为训练就

在行为训练时，饲养员会让动物将口令、目标棒、响片和实物奖励建立联系，做对了+响片打响就会得到奖励。在日常饲养过程中，行为训练会增强动物对饲养员的信任。

用苹果、胡萝卜作为奖励，谁还不爱吃口甜的呢？整个过程一旦出现体罚责打这种惩罚的行为，前面的努力和信任就白费了，所以行为训练这事，还真的就是需要打心眼儿里对动物好，才能最终完成。除了要靠技术积累，我觉得饲养员和兽医们的情感投入更重要。对待自己养的动物，时刻要有一种"忍住忍住，耐心耐心，亲生的，亲生的"的代入感。

前段时间一段视频在网上爆火，画面中一只黑猩猩隔着笼子，将整条手臂放在笼子外，拳头紧握着，让兽医在手臂上涂抹碘伏酒精，这个场景是不是在医院见到过？没错，它在体检采血，而且全程无需麻醉，表情淡定从容，甚至带着一丝轻车熟路。网友们纷纷被它和兽医的那种默契震惊到。甚至有留言说：黑猩猩这么配合，以后是不是可以让另一只黑猩猩穿上白大褂给其他黑猩猩采血了？这个视频来自上海动物园。园内的大猿家族囊括了黑猩猩、猩猩、大猩猩，尤其以黑猩猩的智商最高。在动物园日常的行为训练下，采血、口腔检查、听诊、身体各部位

▲行为训练，让体检变得亲切友好

外科检查、身高体重数据检测、体温检测、B超甚至心率等体检项目，都可以在不麻醉的情况下顺利完成。这些项目几乎构成了一份完整的人类体检清单。幻想一下，或许黑猩猩们在行为训练下，真的可以拿着单子在体检等候区等着叫号呢。

　　曾经简单粗暴的物理保定（把动物捆起来，固定不动）和麻醉放倒，人和动物都容易受到伤害。现在动物园越来越多地考虑到了动物们和人的福利，饲养员和兽医在日常的工作中，通过行为训练和动物们建立默契，再到彼此信赖，这份信任来之不易，也是开展进一步工作的基础。行为训练不是一朝一夕之功，而是饲养员和兽医的日常。这种日常中，倾注得更多的是他们对动物发自内心的关爱。想要实现人与动物的双向奔赴，爱与专业缺一不可。

大象的足疗保健师

● 终生"跳芭蕾"的大象

　　工作之余想放松一下，足疗保健通常是首选。动物园中也有专属的足疗保健师，是不是头一次听说呢？这种足疗保健为的不是放松身心，而是"救死扶伤"。有那么严重吗？足疗还能挽救生命？还真的有这么重要。今天兽医院的患者是谁呢？是大象。

　　作为陆地上体型最大的动物，成年非洲象身高超过3米，体重也有5吨以上。这种体格在自然界优势非常明显——它们在野外没有天敌。大象确实是天不怕地不怕的存在，但它们怕自己的脚丫出问题。它们的脚丫不能叫作蹄子，准确地说应该是"足"。大象体型庞大，体重都压在了四个足上，所以一旦有一个足出现伤病，其他三个很难稳定负重，很快就会倒下。伤了足部的大象在野外基本上就相当于被判了死刑。因此我们可能在野外拍摄的红外相机照片中见到过三条腿的老虎，三条腿的兔子，但基本上不会在野外看到三条腿的大象，足部的健康对它们来说太重要了。

那它们的足部究竟是什么样的构造，又为什么这么重要呢？大象的足看起来很敦实。连接在柱子一样的象腿下面的足部，貌似是个实心的肉墩墩；实际上从骨骼结构来看，它们的足是空心的。在跖骨的包围下，中间部分是软绵绵的脂肪垫，也就是说，大象的脚心是软的。这个软软的脚心，和前面的脚趾骨一起分担大象的体重。大象在野外经常长途跋涉，指甲的磨损速度和生长速度能够匹

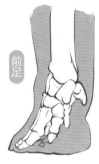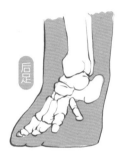

▲大象的足部骨骼结构

配。而在动物园中，大象的运动量变小，指甲长得快，磨得慢，越来越长的指甲让它们无法"脚踏实地"——脚心不再能够分担重量，而只能长期踮脚走路——最终致使足部发生病变。另外，脚心在运动量不足的情况下，也会增生变厚，由此引发的清洁卫生问题同样容易引发足部感染。

很多动物园在饲养大象的时候，为了便于打扫，铺的是传统的硬质地面，也就是水泥地，这对大象的足部也造成了巨大的压力。这种足部病变的大象，结局往往是让人唏嘘遗憾的。在英国的佩恩顿动物园，就曾经有一头叫作盖伊的亚洲象因为两个前足掌脓肿发炎而无法正常行走。园方特意在澳大利亚一家制鞋厂为它定做了一双特大号"皮鞋"，价格超过500英镑。这双特制的鞋，能让盖伊余生减少一些痛苦。

2008年来自伦敦动物学会及多所大学的学者对全世界范围内786头圈养的大象做了研究及统计，发现圈养大象的平均寿命仅有17岁，远远低于野外56岁的平均水平。对死因的排查分析表明，动物园大象体重超标是头号元凶，而体重超标背后，直接导致死亡的一个原因就是超重+足部病变。通常一旦足部受伤，大象就无法正常站立，巨大的体重立刻转化成了无法承载的负担，即便后期用外力辅助，也很难再站立起来。所以正如开头提到的，大象不修脚，真的是会"死"的。

● 大象的"修脚训练"

大象足部保健的重要性已经被越来越多的动物园所重视，谁也不希望大象患上这种"不治之症"。于是在北京动物园、天津动物园、太原动物园、南京红山森林动物园等诸多动物园中，都有一面特别的墙，叫作大象训练墙。训练的内容，就是让大象享受"修脚"的过程。

我非常幸运地在太原动物园全程观看了一次大型"修脚秀"，之所以说是秀，是因为这个过程并不是每个游客都能恰巧碰到的，并且过程中充满了新鲜和未知。这位饲养员也被大家誉为"最美大象修脚师"。她首先拿着一根长竹竿，嘴里含着哨子，手中提着工具箱。大象看到她立刻无比亲切地迎上来，这个动作本身就值得一个奖励。随后她用竹竿点了一下大象的前足，于是那只前足就非常听话地放在了训练墙的修脚台上。跟咱们人

▲大象正在接受饲养员的"美甲护理"

类足疗一样，第一步先用清水清洗足部，饲养员用小刷子把上面的污垢刷洗干净。第二步她拿起锋利的修脚刀，小心翼翼地把指甲外增生的死皮和加厚的脚垫一块一块削下来。有一块正好落在我脚边，我捡起来用手感受了一下，触感像橡皮糖一样Q弹。第三步她拿起一条半米长的钢锉刀，沙沙地给大象打磨指甲，把多余的部分磨掉，让指甲更加平滑。最后还需要涂上特制的"护甲油"。每一步分解动作的完成，都伴随着哨声响起和食物奖励，这一套流程下来，感觉跟我们人类的"足浴+美甲"完全一致，看来大象也喜欢点套餐。当然更让人吃惊的是饲养员小姐姐和大象的默契配合，整个过程中大象除了偶尔淘气使坏之外，全程都非常听话地抬脚、收脚，双方彼此信任。

其实大象的修脚环节除了是饲养工作的必需要素之外，也会让游客看得津津有味。为什么要修脚？怎么修脚？当时在我身边就有几位游客，起初他们疑惑不解，不过看着看着就笑了，原来大象也有这种需求。这种互动场景可比单纯的投食饲喂强太多了。

在动物园需要修脚足疗服务的可不止大象。在野外环境下，动物们每天需要跋涉很远寻找食物和水源，所以足部有着正常的

▲野外环境和圈养环境下的羚牛蹄甲对比

磨损。这个活动量和磨损度，动物园里的动物们很难达到，指甲过长就成了一种常态，俗话说"人闲长指甲"，可能还真有点道理。因此那些在野外"闲不住"的动物，就特别需要足疗修脚了。动物园中的羚牛、岩羊、北山羊都是野外"山地跑酷"的高手，悬崖峭壁都难不倒它们，一天不爬山就浑身难受。但动物园的安逸生活让指甲成为了烦恼，怎么办呢？除了定时修脚外，给它们找点"事儿"做才是长久之计。所以很多动物园给这些动物修建了人工的"悬崖峭壁"，哪怕只是几座石块堆砌的假山，也能帮助它们动起来。

除了修脚，对于大象的足部问题，有没有什么别的办法呢？还真有。西双版纳野象谷景区饲养了一群亚洲象，大象需要的运动量很大，人工饲养很难充分满足。这里的优势在于，景区就位于大象原生栖息地，所以他们想出了一个妙招——牧象。听说过牧牛牧羊，从没听说过牧象的。其实道理一样，牧象就是将圈养的大象在固定的时间里，直接放进半野化的环境中，虽然有饲养员全程跟随，但这个时候的大象感觉更"野性"，在野外取食、喝水、上坡下坎，有些顽皮的小象还从山坡的小路上出溜到山脚，完全玩出了一副原生态的样子。每天走在"自己家"的地表上，活动量大大增加，大象的足部问题就没那么严重了。

再去逛动物园的时候，如果有幸看到大象足疗的场景，不妨驻足观察一会儿，数数整套流程跟我们做的足疗有没有什么差别，再看看它们享受的样子，最后再给咱们的足疗技师一个大大的好评。

▼让大象走起来，就是最好的足部保健护理

动物幼儿园是个什么地方

　　在参观动物园的时候，如果我们比较细心的话，可能会发现这样一个场馆，名字一般叫"动物幼儿园""萌宠托儿所"等，场馆大部分的展示区里都放有一些人类幼儿园里的陈设，比如摇摇椅、塑料大滑梯、婴儿床、摇铃等。这个场馆一般距离兽医院比较近，它就是今天我们要说的动物园中一处特别的所在，标准名叫：育幼室。

● 新生命的不确定性

　　在动物园中几乎每天都会迎来新生命的诞生，小如一只弓背蚁，大如一头印度犀，它们出生在动物园，成长在动物园。和我们人类一样，并非每一只动物的诞生都一帆风顺，往往也伴随着不确定性。由于祖祖辈辈都生活在动物园，园中的动物已经丧失了一些野外生存技能，这其中就包含了怎么怀孕，怎么生宝宝，怎么照顾养大一个孩子。就像我们中的一些新手爸妈一样，第一次当父母难免紧张，手足无措。有的时候加上外界的刺激和惊吓，一些敏感的"家长"可能会出现一个行为：遗弃。

此时就需要人类的介入了，我们要把动物婴儿重新养起来。有朋友可能会问了，如果在自然界出现了这种情况，是不是新生命就直接被淘汰了？其实并不完全是这样。很多动物，尤其是群居类的动物，在群体中有非常明确的角色分工。比如黑猩猩，在一只小黑猩猩出生后，除了它的妈妈会一直照料外，群体中还会

▲被生母遗弃，得到"养母"精心照顾的猩猩

有经验丰富的姨妈、祖母甚至姐姐组成的强大"育儿嫂"天团，它们将帮助新晋妈妈，陪它一起经历过渡期。在孩子的成长阶段，族群中也会有专门负责"看孩子"的工种，能把黑猩猩妈妈解放出来，参与到捕猎和采集中，而带娃的事则全部由一两只黑猩猩完成，自然也就很少会出现遗弃的情况了。

在动物园中，动物生宝宝前是饲养员最紧张的时候。而宝宝生下来后，大家都目不转睛地看着妈妈，主要就是看它到底会不

▲狗獾宝宝吃不上奶，只得让饲养员登场

会带孩子。很多初次当妈妈的母兽因为缺乏经验，耐心不足，会出现摔打、踩踏宝宝的行为，甚至有些幼崽在出生后几个小时都没能成功吃到乳汁。这个时候饲养员

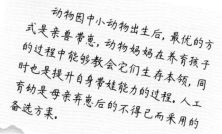

动物园中小动物出生后，最优的方式是亲兽带崽，动物妈妈在养育孩子的过程中能够教会它们生存本领，同时也是提升自身带娃能力的过程。人工育幼是母亲弃崽后的不得已而采用的备选方案。

就需要介入了：将小宝宝抱出来，送到动物幼儿园，帮它们开始全新的生活。

● 育幼饲养员的工作

我曾特别有幸地赶上了一次机会，得以近距离观察饲养员的育幼工作，那天我隔着一层玻璃，全程目睹了一位育幼饲养员的艰辛和动物宝宝的顽强。这是一只小熊猫宝宝，很不幸生下来不久就被妈妈遗弃了。来到育幼室后，饲养员先给它称了称体重（这是身体健康的重要指标之一），随后就把它放入一个暖箱。"保暖特别重要，很多小宝宝在育幼过程中都死于体温过低，所以放保温箱是必须的，里面再放上一个我用过的棉手套，有它熟悉的味道。"饲养员介绍道。这个时候的小熊猫宝宝还没睁眼，大部分时间都在睡觉，看起来这个工作很清闲嘛。"什么？清闲？你待会儿就知道了。"到了给小熊猫宝宝喂奶的时候，因为没有专门的小熊猫奶粉，所以饲养员根据兽医的意见调配出了

适合小熊猫肠胃的配方奶，用针管一点一点地滴在它嘴巴边上，当尝到了奶水的滋味后，小熊猫就开始主动去找针管，尝试着吸吮了。喝饱了的小熊猫很快就会进入睡眠。本以为可以休息一下了，只见饲养员立即开始准备旁边一只浣熊宝宝的口粮。就这样你方唱罢我登台，几只嗷嗷待哺的动物宝宝来上这么一遍后，第一只小熊猫又饿了……现在我才算是对育幼饲养员的工作强度有

▲小熊猫育幼是个耐心活儿

了一点了解。你以为这就是全部吗？并非如此。这么大的幼崽，时时刻刻都需要吃奶，不像咱们人类一样有固定的一日三餐，基本上是一直在吃。所以晚上每隔两个小时就要喂一次，再加上几只小动物同时育幼，晚上基本上是没有睡觉时间的。所以很多育幼室旁边，都放着饲养员晚上临时休息的床铺，育幼室的饲养员是名副其实地和动物同吃同住。奶爸奶妈们照顾起这些动物幼崽，一点儿不比照顾人类幼崽省心。

除了吃之外，拉也没那么简单。小宝宝刚出生时不会自主排便，所以有经验的动物妈妈会舔舐小宝宝的肛门，用这种方式刺激排便。那么如果人工育幼呢？放心，我们不会直接效仿，饲养员会把湿巾微微加热，轻轻擦拭宝宝的肛门，反复多次地这么做，小宝宝也就形成了条件反射。拉了就皆大欢喜了吗？并不是。粪便是动物状态最直观的呈现，这个时候育幼饲养员就化身"闻屎专家"，通过粪便的颜色、气味、质感等特征分析动物宝宝的身体状态。

育幼饲养员不但工作量大，还特别考验责任心和专业性。不像普通饲养员，只需要掌握两三种动物的饲养，育幼饲养员往往无法预知明天将送来哪种动物，可能是一只破壳的鹈鹕，也可能是一头早产的斑马，这些情况下都需要育幼饲养员随时顶上，给动物们充当临时妈妈，而这个临时妈妈很多饲养员一当就是一辈子。经常听到动物园中类似的故事，饲养员在离开某个岗位后，某天重新回来，动物们一眼就能认出他们：四目相对，唯有泪千行。事实上，这种场景在育幼饲养员这里是最经常发生的。因为大多数动物宝宝都不会在这里度过余生，断奶可以自主吃东西后就会离开，但动物们都不会忘记自己儿时最深刻的记忆。毕竟饲养员和它们之间共同经历了"我用爱浇灌，你在爱里成长"的双向奔赴。在动物园中，和园生动物感情最深的人，非育幼饲养员莫属。

● 动物宝宝如何"认亲"

如果在动物幼儿园正式毕业了，它们的下一站将是哪里呢？当然是从哪儿来回哪儿去咯。等这些动物断了奶，或者可以吃固态食物了，它们就要回到爸爸妈妈身边了。所以在育幼室的动物宝宝们首先解决的是活下来的问题，接着要考虑的事就是如何"认亲"了。离开的时候还是个小肉球，回来后变成了小伙子、大姑娘，这样的差异不是每个妈妈都能在第一时间接受的。所以在送回去之前，育幼室的饲养员会去拿一些带有父母味道的东西，比如父母用过的垫草，在小宝宝身上蹭一蹭；有的甚至更直接，将宝宝放在妈妈的尿液中蘸一蘸，浑身涂满了妈妈的味道后，再送回去，这样一来，被接受的可能性就大大提高了。

随着技术的逐步成熟和对自然史的研究，现在圈养动物中，弃崽的现象逐年降低，众多妈妈们都可以独立完成带娃的工作了，也使得我们能在动物园中看到一幕幕母慈子孝、天伦之乐的场景。当动物幼儿园逐渐淡出我们视野，这里的饲养员们依旧在默默地帮助动物园，用坚定的责任心和温柔的关爱迎接着一个又一个新生命的到来。

陆龟难产怎么办

早上兽医院接到了求助电话，这次生病的是动物园中的一只豹斑陆龟。其实也不算病，就是有些它分内的事儿，好像它自己有点解决不了——马上当妈妈的它，难产了。

● "慢性子"的杰出代表

豹斑陆龟是一种生活在非洲热带草原的大型陆龟，它们的东非亚种牢牢占据着世界上第四大陆龟的位置。它们平时并不像普通乌龟那样长时间泡在水中游泳，而是用四条小粗腿儿在陆地上行走，再加上黄色的背甲上斑斑驳驳布满黑色的斑块，和豹斑非常相似，因此得名。

俗话说，"千年的王八，万年的龟"。这虽然是夸张的说法，但也一定程度上说明了龟鳖目动物很长寿，而这里面真正配得起这个称号的，非陆龟莫属。目前有记载寿命最长的动物，是生活在南大西洋圣赫勒拿岛被人工饲养的一头亚达伯拉陆龟（世界第二大陆龟），名叫乔纳森。1900年拍下的一张黑白照片记录了它，当年的它据称就已是70岁"高龄"了。如今已经190多岁的它，成功"熬走"了国外王位上的7位君主，见证了电灯泡的发明、埃菲尔铁塔的竣工等重要历史事件。

为什么陆龟能历经百年风雨而悠然自得呢？因为上帝调慢了它们的生命时钟。作为横跨2亿年历史的生物，龟早已演化出能够适应地球环境变化的身体结构和本领。简而言之就是，龟具有极慢的新陈代谢系统，它们的心跳每分钟只有20多次，这可以直接减少能量损耗。它们本就行动缓慢，常栖居在一处，很少移动，"能不动就不动"的生活理念让身体消耗更少。同时，它们也堪称素食主义者的生命奇迹，虽然没有足够的医学证据表明吃素的人更长寿，但吃素的陆龟大部分都比杂食性水龟活得久。如果摄入过多的蛋白质和脂肪，反而会增加它们的身体负担。

陆龟有个别称叫"太阳之子"，这是因为它们这一生最重要的事就是日光浴。在清晨和黄昏的柔和日光下，陆龟们会尽情地享受阳光的照射。太阳光中的不可见射线UVB会帮助它们在体内合成维生素D_3，这种物质能帮助钙质吸收。所以，就像鱼儿离不开水一样，陆龟绝对离不开太阳。在野外环境下的它们每天为了食物和水源，要奔波数千米。为了躲避正午暴晒的阳光，它们还学会了用两条"麒麟臂"挖洞纳凉。

不过在咱们人工饲养的环境下，情况可就不一样了。即便是动物园，也不可能提供野外那样广阔的环境让它们随意溜达。在日光浴方面，更多的时候咱们只能用合成的灯具去模拟太阳光，这个效果肯定和真正的日光存在差异。诸多因素的综合作用下，今天这头豹斑陆龟难产了。

● 难产病例转危为安

　　饲养员在电话中描述了一下病号的病情：一个月前，这头雌性豹斑陆龟就开始出现后腿刨土坑的行为。看过BBC著名纪录片《地球脉动》《蓝色星球》的朋友都知道，这是要给自己准备产房了。陆龟会用后腿挖一个又大又深的土坑，然后把蛋全部产在坑里，再完好如初地填平，剩下的就交给大自然了，妈妈的职责到此结束。这头豹斑陆龟挖坑的积极性很高，说明它应该是要产卵了。但东挖西挖几次后，似乎并没有找到满意的地点，也可能是因为人工饲养环境下，没有又深又松软的土地。渐渐地，这位准妈妈有点焦虑了，预产期已到，但迟迟不见"发动"。于是饲养员求助了兽医，看看怎么帮助这位准妈妈。

　　首先豹斑陆龟被装进转运箱、送到兽医院，被抱上了放射室的台子。这是为了帮它先检查确认一下，肚子里是不是有蛋了，如果有，有几颗一定要搞清楚。所以这次给它采取了非常滑稽的底朝天的姿势，将陆龟腹甲朝上。在护士的辅助下，很快完成了拍片。通过电脑屏幕可以清晰地看到，这头陆龟妈妈肚子里一共有六颗蛋，每颗蛋有乒乓球大小，但不是正圆形，而是椭圆的。

　　随后，兽医询问了饲养员陆龟产前的一系列反应。由于滞后的时间有点多了，兽医决定先给它注射一针催产素，希望它把肚

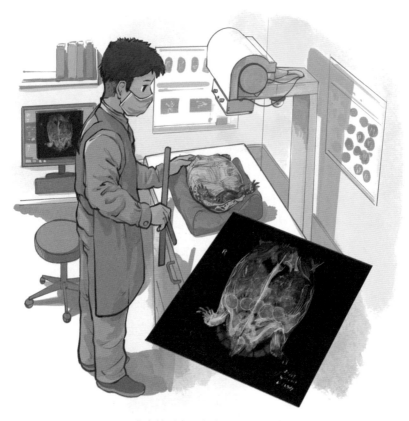

▲难产的陆龟孕妈妈正在接受检查

子里的蛋通过自主的方式排出来。如果这样还是不行，那可就麻烦了。因为长时间不能顺利产蛋的话，蛋就会卡在产道中，母龟渐渐地不吃不喝，严重的还可能因此丧命。因此在必要情况下，会采取"开腹取卵"的方式。由于陆龟肚子上是块硬邦邦的腹甲，所以"开腹"的手术需要用小电锯锯开硬壳，恢复过程就会非常长。保守起见，先来一针"催产"，成与不成，全靠自己。

在陆龟腿部肌肉中注射了一针催产后，它被放进了一个箱子，昏暗的环境有利于保持安静，这就是它临时的产房了。龟这类爬行动物代谢速度慢，我们知道，它们行走慢、吃饭慢、喝水慢，干什么都慢条斯理的，对于这个药物的反应也是一样。饲养员焦急地观察着入院准妈妈的情况，但兽医很有把握地说："不用这么一直盯着了，早着呢。这一针要是打给哺乳类动物，十几分钟保证有反应，打给龟啊，你一个小时以后再来看吧。"可饲养员毕竟每天悉心照顾，哪舍得一走了之，就痴痴地盯着、守着。大概过了两个半小时，这头豹斑陆龟开始焦虑地走动起来，走着走着有点"憋不住"了。只见它停顿了一下，撑起后腿，抬起身子，僵持了几分钟后，第一颗蛋终于艰难地排出来了。只要第一颗蛋出来，接下来的就简单了。从打催产针到六颗蛋全部生完，这头陆龟用了四个多小时，感觉它都要累得虚脱了。

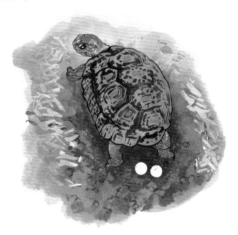

▲漫长的生产过程开始了

饲养员轻轻地打开箱门，把龟蛋取走，尽可能地不去打扰辛苦的"产妇"。饲养员在每颗蛋上都轻轻地用笔做上标记并写下时间，然后将龟蛋小心翼翼地放进一个铺满湿润蛭石（一种孵化介质，保湿效果强于普通沙土）

▲受精的龟蛋孕育着希望

　　的盒子中。接下来，这个盒子将放进恒温恒湿的人工孵化箱内，
静静等待小龟的降生。在母龟这边，饲养员给它带来了平时爱吃
的多汁蔬果，帮它补充糖分和水分，尽快恢复体力。

　　一个半月后，饲养员那边传来喜讯：在强光手电的照射下，
每颗龟蛋内部都能隐隐约约看到密布的血管，这说明这些蛋都是

成功受精的。咱们可以一起期待一下母子同框的画面了。

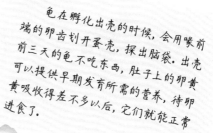

龟在孵化出壳的时候，会用喙前端的卵齿划开蛋壳，探出脑袋。出壳前三天的龟不吃东西，肚子上的卵黄可以提供早期发育所需的营养，待卵黄吸收得差不多以后，它们就能正常进食了。

　　兽医院每天都要处理各种特殊病号的特殊病情，大象要修脚，老虎要剪指甲，猩猩要推拿……紧急接生，应对动物分娩过程中的各种挑战，也是他们日常工作的一部分。对于准妈妈和幼崽而言，难产是一次渡劫，很多动物甚至没能挺过这一关。这次陆龟妈妈的转危为安，除了兽医的果断决策和稳健操作外，饲养员对于动物日常表现的细节感知也特别重要。不出意外的话，这些动物这辈子都会在动物园度过，它们生命的全部都依托于朝夕相处的饲养员。所以对于我们来说，爱它就给它更多吧。

大象死了怎么办

　　动物园中的动物会死吗？有人问过我这个问题。动物当然是会死的，这个毫无疑问。之所以这么问，其实是因为动物园的动物若是不仔细观察的话，可能个体之间区别并不大，尤其是细尾獴、恒河猴这种数量比较多的动物，死去几只并不太能被我们发觉。那如果大型动物死去，动物园一般会怎么办呢？

● 妥善处理离世的动物

　　我从小就喜欢逛动物园，郑州动物园是小时候最常去的。每个动物园都有一个深入人心的动物角色，郑州动物园给我的童年记忆是两头亚洲象，名字我到现在都记得，公象叫巴布，母象叫噜嗡。这两头大象是1988年从武汉动物园来到郑州的。大象不愧是动物园的大明星，一经展出便俘获了大量的粉丝，我就是其中一个。儿时的我每周日都央求父母带我去动物园，最后压轴参观的一定是象房，父母都被大象的"芬芳"熏出来了，而我一待就是半个小时。不过1999年年初，我忽然发现熟悉的象房不同于往日。母象噜嗡患有风湿性关节炎，它在四肢难以继续站立后轰然倒下。巨大的体重压迫，导致大象一旦倒下就会很快因器官衰竭而死亡。这个过程中动物园想了诸多方法，甚至用外力将噜嗡吊起来，但抢救了31天后，噜嗡还是离我们而去，那年它青春年少，仅仅25岁。

这么重量级的动物死去，郑州动物园当时选择的处理方式是在象房附近挖了个大坑，将噜嗡埋葬了，让它用这种方式继续陪伴着伴侣巴布。几年后，动物园请来了当地的标本制作师，把大象从地下挖出，这时肉身已经不在，只剩下骸骨没有腐化。经过整理装架后，噜嗡的骸骨被做成了一具骨骼标本，最终在象房的入口处展出，并用说明牌为大家讲述这头大象的前世今生。相信很多老郑州人看到这具骨骼标本时，都会在心中泛起对这头大象的回忆和眷恋。

动物园的动物们一定会有生老病死的情况出现。一般来说，动物园在处理动物死亡的时候，会视其大小、种类、级别、价值等情况，有针对性地选择处理方案。首先肯定是要先做报备，兽医第一时间赶到后，带走动物死体做解剖化验，一定要清楚地了解这只动物的死因。如果是正常死亡还好，而一旦涉及疫病的话，就可能对活着的动物也产生影响，因此确定死因非常关键。接下来会有四种基础处理方式：填埋、焚烧、冷冻保持、标本制作。如果动物体型很小，并且保护级别和展出价值都比较低的情况下，一般会采取统一无害化处理，也就是直接填埋，填埋的位置那可是绝对保密的。如果是疫病动物，会采取焚烧加深埋的方式，杜绝疫病的传播。早年间一些动物园会有一个焚烧炉，但现在追求环保，一般会由专业的公司在特定场地处理动物的"火化"过程。

如果死去的动物像大象噜嗡一样，既是重量级大咖，又是国家一级保护动物，还有很高的展示价值（当年全国一共也没多少头大象），那么一般会将它们做成标本，把价值发挥到最大化，让它们用这种方式继续陪伴大家。有些有着特殊意义的动物，在死去后通常也会被做成标本，永远地保存下来。如果有机会参观国家自然博物馆，不妨去一层楼梯间探访一下陈列在那里的亚洲象标本，虽然展出的地方不是非常显眼，但它的身份可赫赫有名。这头大象名叫"阿邦"，是1956年越南政府赠送给中国的国礼，也是我们国家建国后第一批展出的大象。1956年侯宝林先生参演的喜剧电影《游园惊梦》中，出镜的动物明星就是阿邦。那个时候国内几乎没有动物园展出过大象，也极少有人见过大象，所以阿邦的到来一度引起轰动，短短4个月北京动物园参观人数就达到30万，可谓万人空巷。阿邦承载了那个年代中国人对于大象最初的记忆和情感。1965年阿邦因为

▶死去的大象被做成标本，继续为科普做出贡献

▲将死去的动物做成标本，永远定格在那一刻

冻疮在北京死去，它的遗体被做成标本，那也是新中国第一具亚洲象标本，现在还陈列在国家自然博物馆。

最后还有一些保护级别很高，但短时间内也不做标本处理的动物，按照法规不能随意处置，所以动物园都会常备一个巨大的冷库，里面存放着一些动物死体。

● 动物的追思

如果当时噜嗡或者阿邦没有被做成标本的话，游客们如何能记住它们呢？其实动物从死去到下一步处理，中间有一个环节在很多动物园被省略了，但以现代理念看却显得无比重要，那就是动物的追思。我第一次看到这样的画面是在日本大阪天王寺动物园。当时买票进园的时候，意外地看到了入口处有一个黑色的镜框，里面是一头大象的照片，旁边用四种语言写着：永眠，天王寺动物园已没有大象。一方面这是提醒游客，如果你是冲着大象来的，请考虑清楚再买票，另一方面园方也用这种方式告慰在园中离世的最后一头大象。我认为这种方式已经饱含温情。但当我走到大象展区前，才被彻底折服。展区内挂出了亚洲象博子生前的照片，包括戏水、进食，最后跟病魔抗争的画面，通过这种方式提醒大家这里曾经有一头陪伴过我们的大象。同时，墙上贴满了游客留下的便笺，上面讲述着大家对博子的怀念，有的小游客画下了他们心中博子的样子，图画下面还有游客送来的鲜花。大象展区的水循环依然在工作，展区的植物也照常生长着，好像博子并没有走，一切都如常。这一刻我感受到的是这个动物园的情怀和温度，是一张门票和一方展区之外的情感联结。

其实被追思的不仅仅是大象这种大型动物。在东京上野动物园，本不大的园区面积中有一小块动物墓地，在这个动物园死去的动物会在这里被长久地铭记和怀念。它们每只都有名字，每只都附有一纸讣告、一个木牌，还有一束鲜花。

▲一张讣告，诉说着一只动物的一生，记忆着彼此陪伴的温情

　　近几年国内动物园也逐渐开始关注动物们的"身后关怀"。北京动物园的金丝猴、南京红山森林动物园的獐子在死去后，都有讣告向游客告知；成都动物园的猩猩泰森死去后，园方为它打造了一尊青铜雕塑，就坐落在猩猩馆门前。这些做法都是在告诉游客，有一只曾经陪伴我们的动物悄然离去了。

　　游客应该知晓每只动物的到来和离去，死去的动物更应该被怀念和祭奠。我们一般认为动物园是饲养展示活体动物的，可是但凡活体，生老病死不可回避。不如直面动物们作为生命体的消亡，在情感上缅怀，在行动中送别，在科普中如其所是地再次呈现它们的风姿。如果说动物园有进阶的话，那么对待死去动物的态度和方式就是动物园温情的放大镜。

陪你去逛动物园

The art of visiting a
ZOO

6 饲养员的日常

现代动物园理念中，
饲养员这个称谓正在被"保育员"逐渐取代。
这不仅仅是一个名称的改变，
更意味着这个角色在现代动物园中的多元化。

● 饲养员的一天

听我讲了这么多动物园的故事，不知大家有没有一个冲动：我想当一名饲养员，天天和动物在一起！我相信大多数喜欢逛动物园的朋友，都有过这样的梦想，儿时的我也不例外。

那么怎样才能成为一位饲养员，饲养员最核心的素养又是什么呢？爱逛动物园的我，自然也和不少饲养员成了朋友，希望从他们那里获得更多关于动物园的第一手资讯。从他们的描述中，我逐渐了解到一些饲养员工作的皮毛，这里就来分享一下我的看法和感受。要回答这个问题，首先我们需要知道饲养员在动物园中都做些什么，我们先来还原一下饲养员的一天：

早上游客还没入园，饲养员就要来到工作岗位了，因为一定要让游客来了就能在展区看到动物。在放动物进展区前，一系列准备工作是必不可少的。首先要观察动物的状态，饲养员有时候比兽医还敏感，因为他们和动物日日相伴，动物的一个眼神不对劲，他们就能觉察到是不是身体出了问题。如果状态没问题，身体无外伤，再看看饲料，哪种吃得多，哪种吃得少，哪种有剩余等，都要一一记录。下一步就是大家最熟悉的"铲屎"环节，但是也不能上来就铲，同样还是要进行一番观察：动物的便便是稀

▲饲养员必不可少的工作之一便是"铲屎"

是干？有没有带血的？有没有拉出虫子的？有没有拉出异物的？都需要看仔细。最后才是把一晚上动物排泄的粪便清理干净，谁还不希望自己的屋子干干净净、整整洁洁呢。打扫完毕后，就可以把动物放入展区迎客了。如果动物园八点钟开门的话，你算算，饲养员至少几点需要到岗呢？所以要做饲养员一定得勤快，犯懒可不行。

动物"上岗"后，饲养员接下来的工作是准备早餐。动物园里不同的动物每天的吃饭次数也不同，大多数只有早餐和晚餐两顿，所以食物一定要保质保量。所有的食物都需要经过清洗、解冻、称重、分类、切割等流程。在初代饲养员的操作中，做完这些就可以投喂给动物了。但根据前面我们讲到的食物丰容，你应该还记得，不能这么轻易地让动物吃到食物，要增加一些难度。所以饲养员接下来会把食物放在展区的各个角落，或者取食器中，让动物边吃边玩，还原在野外的生活情境，充分展示自然行为，想办法获得食物。我在南京红山森林动物园的猫科馆里，有幸看到了饲养员准备早餐的环节。为了让花豹吃饭更有难度，饲养员也练就了爬树的能力，把肉块放在树干高处、溪流的石块上、灌木丛中。想吃肉，得自己找。夏季运动量小，喂食频率降低，食物热量也要控制；入秋后动物也要贴秋膘，食物的脂肪含量明显提升，对于熊和灵长类等杂食动物来说，这个季节饲养员会在饲料中加入坚果等高脂肪食物。由此看来，饲养员至少得是半个营养师，懂得在不同季节，根据动物的不同状态，给它们搭配营养美味的餐食。

● 除了饲养，保育也很重要

　　你以为打扫和喂食就是饲养员的全部工作了吗？别忘了，当代饲养员肩负了更多职能，所以他们今天更多地被称为饲养保育员，保护教育的角色也在饲养员身上体现了。所以动物的行为训练也是必要的日常工作，建立人和动物的关系才能更好地完成更高难度的工作，比如前文中提到的采血、测血压、体检等，都可

▲行为训练已成为现代"铲屎官"的一项重要工作

以借助动物对饲养员的信任，在不麻醉的状态下完成。

没有人比饲养员更了解笼中的动物，它们的行为特点，包括举手投足，甚至坏习惯，相信每个饲养员都如数家珍。这些鲜活的故事和趣味的日常，远比大多数展板上枯燥的分类学信息更有意思。当代饲养员会在固定时间对自己饲养的动物做一些科普讲解工作，让游客有机会了解这些动物个体独一无二的生命故事。所以饲养员有时候还是会讲故事的科普讲师。

并不是每一种动物，饲养员都见过养过，很多动物没准儿是第一次出现在国内，大家都知之甚少，这就要考验饲养员的钻研能力了。我认识一位原北京动物园的知名饲养员，想必很多人都认识他，就是二宝杨毅老师。当年他在饲养二趾树懒的时候，国内并没有大规模饲养，所以饲养的方法各个动物园也都尚处于摸索阶段。生活在南美洲的它们到底爱吃什么？天天吊挂着怎么喝水？树上生活怎么排便？每天一动不动是正常状态吗？这些问题一直困扰着杨毅老师。既然国内信息不多，那就转战国外。他亲自前往世界排名前十的新加坡动物园"偷师"，还真把国外成熟的饲养方式学到了，结合咱们国内的气候和环境，最终研究出了一套适合本土的饲养方法。很快，他饲养的二趾树懒就生宝宝了，而且在展区内行为非常丰富。所以你看，一个优秀的饲养员，还得在查找资料、钻研能力甚至外语水平上多向发展。

喜欢动物园的我，自然也非常关注动物园的招聘通知。我发现现在动物园在招聘饲养员的时候，提出的要求也大不一样了，逐渐开始对学历、专业等方面提出明确的要求。据我了解，包括长隆野生动物世界、红山森林动物园在内的国内多家动物园，饲养员的整体学历水平非常高，硕士毕业来做饲养员的不乏其人，海归团队也不罕见。所以在动物园养动物这个职业，再也不是坊间误解的"你学习不好，只能养动物去"，而是：你好好学习吧，不然以后没机会养动物。现在我们很多动物园的饲养员都可以无障碍地和国外的同行进行交流，国内的成熟经验也会在世界范围内分享。

除了喂食，白天的观察也必不可少，这个过程中可以观察到动物的行为状态、精神状态、社群关系，还要记录详细的饲养日志。有些岗位还要上夜班，比如育幼、育雏、产后护理、病后护理等。每天下班前的重要工作，也是每位饲养员都刻意修炼的强迫症环节——就是锁门。动物笼舍的门锁要经过一遍又一遍的检查后，确认关闭才可以放心下班，结束饲养员充实的一天。

以上这些，更多的是从技术方面的解读，朋友们可以根据自己的情况，选择是否举手报名。

● 爱和专业，缺一不可

无论是饲养、科普，还是繁殖、保育，都是饲养员需要具备的基础能力。但这一切的前提是，作为一名优秀的饲养员，需要有爱，需要有对于自然和生命的敬畏。因为饲养员不同于普通的职业，他们面对的不是电脑，不是机器，不是车水马龙，而是一个个鲜活的生命，如果只是循规蹈矩地按照"规程"饲养，只能

▲漫天飞舞的雪花，是南美貘未曾领略过的奇观

说养不死动物，但很难做到养好动物。每个活生生的动物个体，可能都存在一些"规程"外的不确定性。这些只能通过饲养员发自内心的爱去适时灵活调整。天津动物园饲养的南美貘，因为生活在热带，按照饲养规程冬季是不能够室外展示的。但饲养员给它留了一扇自由选择出入的大门，为动物提供了另一个选择的可能性。于是我们就看到了，大雪纷飞的时节，这头南美貘好奇地

将头探向室外，嗅闻着它这一生都没见过的雪花味道，这是饲养员播撒的爱的味道。

现在互联网发达，我也曾经看到过饲养员为博人眼球而责打动物、引导动物抽烟、戏弄动物的短视频。如果饲养员和公众心中有对自然最基本的尊重和敬畏，这些现象就会被指责，而不会广为传播。

怎么样，看到这是不是觉得成为一名饲养员，一名优秀的饲养员，要求真的不低。我们国家的动物园也在逐渐变化，而且越发成熟，饲养员作为动物园的一线核心力量，也有了更高的入行标准。如果看到这里依然内心澎湃激荡，不妨投出简历试试看，饲养员这职业，有趣又有爱，想想就幸福。

动物园里的动物是哪儿来的

动物园，顾名思义是一个饲养并展出动物的大公园。动物园里理所应当有动物存在，但有个灵魂拷问是：动物园里的动物不可能是凭空出现的，那么它们到底是从哪儿来的，又是如何聚在了动物园呢？

● 动物园的"原始积累"

要回答这个问题就得刨根问底了，咱们先看看最早的动物园是什么样的。从文字记录来看，最早的动物园可以追溯到周文王时期，《诗经·大雅·灵台》记载："王在灵囿（yòu），麀（yōu）鹿攸（yōu）伏。""灵囿"的"囿"就是泛指封建君王饲养动物的空间，那个时候的动物主要是从野外捕获的，养在囿中，供君王狩猎或者观赏。

无独有偶，欧洲的皇室同样喜欢在彰显王权的时候修建饲养动物的空间，最早可追溯到18世纪。对于世界上第一个真正意义上的动物园，大家众说纷纭。比较集中的观点是1752年，在奥地利首都维也纳的美泉宫，也就是哈布斯堡王朝的夏宫，第一个动物园问世。熟悉欧洲动物园历史的铁粉们，肯定都知道"全景动物园之父"哈根贝克先生，他的观点为现代动物园展示方式和理念奠定了基石。但大家可能不知道的是，哈根贝克先生还有另一个身份——19世纪欧洲最大的动物商人。他的父亲曾经是德国汉堡的一位鱼商，从事水族生意，后来产业扩大，做起了珍稀动物买卖。小哈根贝克14岁生日的时候，就收到了父亲的硬核生日礼物——一头北极熊。哈根贝克家族自此开始了近乎垄断欧洲的动物贸易，当年整个欧洲的动物园几乎都由他们家"供货"。1874年，本着给别人供货不如自己开买卖的心态，子承父业的哈根贝克在汉堡开办了"哈根贝克动物园"。那么作为当年世界上最大的动物贸易商，他的动物从哪儿来呢？非常简单朴素的方式——野外捕捉。

当年没有严格的野生动物保护法令，动物资源也相对富足，借助远航便利，哈根贝克在全球范围内捕捉各类野生动物。他的公司在非洲、亚洲、南美洲等地都有专业捕猎队。《动物园的历史》一书中写道，据统计从1866到1886年，哈根贝克的公司共出口了约700只豹、1000头狮子、400头老虎、800只鬣狗、1000头熊、300头大象、79头犀牛、300头骆驼、150头长颈鹿、600只羚羊、"数万只"猴子和长臂猿、"数千条"鳄鱼和蟒蛇、10多万只鸟类。这个数量放到现在，甚至会超越很多国家的野外"库存"总量。

▼最初，动物园的动物大多是从野外捕捉的

所以动物园的动物从哪儿来呢？第一种方式就是全部从野外获取，这也是初代动物园的做法。这些动物完成了动物园的"原始积累"。世界上本没有动物园，抓的动物多了，需要一个地方养着，动物园的雏形就出现了。

● 外交捐赠，礼尚往来

作为我国第一座动物园，北京动物园在建园初期获得国家重点批示，成立了野外搜集组，前往云南、四川甚至非洲等地进行野外捕捉，很快补充了园内的物种数量，当年的电影《捕象记》就记录下了这一场景。除了做"大自然的搬运工"，北京动物园还很好地体现了第二种获得动物的方式——动物捐赠。很多国家在外交建立的过程中都喜欢用本国特有动物作为亲善大使，我们的国宝大熊猫就是典型中的典型。礼尚往来，别的国家也会捐赠给我们，比如来自斯里兰卡的大象、来自美国的美洲野牛、来自日本的日本鬣羚、来自尼泊尔

的印度犀等。这些动物跟随外
国元首来到了中国，总要有一
个地方养着，北京动物园便
责无旁贷，照单全收了这些
国礼动物。很多国外的珍

作为国礼，最受国外欢迎的来
自中国的国礼肯定是大熊猫，在建
国初期我们就开启了熊猫外交，作
为友谊使者，大熊猫为许多国家的
人民带来了欢乐。

▲国礼捐赠中，很多礼品都是各国的特有动物

稀动物，都是通过这种方式来到中国的。这一点我在大阪天王寺动物园中感受颇深。在天王寺动物园的两栖爬行馆中，一个巨大的生态展示区内，饲养着中国国宝扬子鳄，在展区玻璃上的日文说明中，"上海动物园""友好城市""国际亲善动物"这几组中国字非常显眼。没错，这几条扬子鳄正是来自上海动物园，是上海和大阪两座城市友谊的见证。这也是我第一次在动物园中有"他乡遇故知"的感觉。

● 国内繁殖与"和亲联姻"

野外采集和国礼捐赠实现了圈养野生动物资源的从无到有，而接下来随着繁殖经验的积累和技术更新，以及环保理念和法律的完善，粗放的野外捕捉已经不再适用。自行繁殖变成了动物园获得更多动物的主旋律。我们现在看到的动物园里的大部分动物，都是经过了几代的繁殖留存下来的。在长期的人工饲养过程中，它们逐渐适应了人类提供的环境，并且"开枝散叶"，在动物园中形成了种群。人工饲养繁殖就是第三种获得动物的方式。国外很多动物园的宣传手册和园刊中都能看到一个清单，清楚地为游客标出今年新出生的动物宝宝。通过这样一代一代的繁殖，动物园的原始居民得以延续下来。

那么新问题来了，动物园中就这么几只动物，如果持续繁殖下去，很难不近亲繁殖吧？所以第四种动物园"进补"方式来了——交换饲养。

由于各个动物园的地理气候特点与优势特长不同，每个园都有自己擅长的动物繁殖种类，大家互通有无是最为高效便捷的方式。比如昆明动物园，无论气候还是纬度，养亚洲象都是得天独厚的，相信国内没有别家比他们更适合。事实也是如此，昆明动物园拥有国内最大的亚洲象种群，而且这个种群并不是仅仅生活在昆明，它们已经开枝散叶到了全国各个动物园，很多动物园现在展出的亚洲象，追溯起来或多或少都有昆明的血缘。这类动物园优势物种不胜枚举：广州动物园和洛阳动物园的华南虎，北京动物园的朱鹮，成都动物园的豹，南宁动物园的河马，四川卧龙基地的大熊猫，等等。交换饲养的方式既能够丰富彼此的种类，也很好地避免了近亲繁殖。不仅国内如此，这种"和亲联姻"在国外的应用更加频繁有序，世界动物园与水族馆协会负责统一调配动物个体在各个会员动物园之间的流通和繁殖。

如果说以上四种方式都是动物园主动获得动物的话，还有一种方式则是动物园"不得不"接纳的被动获取，那就是野生动物的救助。如果大家在地图上查询就会发现，很多城市除了动物园之外，还会设有一个"野生动物救助中心"，这两个场所通常分而治之，但联系紧密。在野外遇到困难的各类动物，一般都会被送到当地的野生动物救助中心，比如被猎套套住的斑羚、在宠物市场上缴获的龟鳖、误打误撞在城市中迷路的小鹿、撞上玻璃但捡回一条命的红隼，等等。它们中的一些在治疗妥当后最终放归野外，而有些因为各种因素可能永远无法回到野外，它们最终会来到动物园，一方面展示物种本身的魅力，另一方面也讲述动物和人在相处过程中的故事。南京红山森林动物园就接收过一只身份特殊的黄鼬。这只黄鼬被市民捡到时，还是个尚未睁开眼睛就已被妈妈遗弃的宝宝。救助中心的饲养员先用奶瓶，后用镊子，一点一点将小黄鼬养大。这样养大的黄鼬自然对人毫无戒备，如果放归野外也很难正常生活，但"亲人"这个特点在动物园展示方面却是天然优势。它们能毫不怯场地在游客面前展示自我。于是在南京红山森林动物园的本土保育区内，这只黄鼬换了个身

▲被注射器喂养的小黄鼬可能再也回不到野外了

份，作为展示动物跟大家见面，让游客更好地了解这种生活在城市中的小兽。

现代文明发展到今天，野外捕捉已经成为历史，繁殖和交换成为主旋律。当代动物园也开始越来越多地宣传和展示动物的自然行为，而非最初粗放的"物种收集癖"。所以有些不适合人工饲养和展示的物种，可能以后也很难在动物园出现了，让它们生活在野外才是最理智的选择。动物园努力养好现有的物种，展示出它们最精彩的一面，已是一种成就。

动物逃出笼子怎么办

　　我认识很多动物园的饲养员朋友，他们都有一个共同体会：饲养员这工作，越干越谨慎，越干越小心。他们总是在下班后突然心里犯嘀咕：笼子门确定都锁了吗？当然，回去反复检查后，肯定是安全的。因为对于饲养员来说，除了照顾好动物之外，最重要的就是安全。不过凡事总有意外，动物园的动物真的逃出来过吗？

　　答案是肯定的。确实很多动物园都发生过动物出逃的事件，甚至有的都被改编并搬上了银幕。我们熟悉的动画电影《马达加斯加》讲的就是纽约中央公园动物园的一群动物结伴出逃动物园的故事，虽然电影情节纯属虚构，但动物出逃事件是真实发生过的。2000年10月，一只名为埃尼琳的大猩猩利用生长过长的树藤，从美国洛杉矶动物园的猩猩展区逃出。它在洛杉矶动物园里溜达了一个小时迷了路，工作人员动用了当地电视台的直升机才找到它。2012年4月18日，常州淹城野生动物园转运鳄鱼的车辆翻车，导致三条鳄鱼集体出逃，其中两条鳄鱼进入了淹城的护

▲不够专业的展区设计，让动物出逃成为可能

城河支流。早在第二次世界大战期间，日本东京上野动物园中就有一只黑豹越狱，这只黑豹来自野外，具有攻击性，引发了东京全城恐慌，好在12小时后，这只黑豹在动物园内的排水道中被找到，安全运回了笼子中。

● 动物出逃的原因

　　动物园发展的历史上，这种案例并不罕见，这在动物园领域中肯定算是重大安全事故了，那么这些越狱事件一般都是什么原因造成的呢？第一种可能性是天灾等外界客观因素。在极端天气和自然灾害下，动物园的一些笼舍会失去原有的限制功能，比如在洪水、地震来袭的时候，笼舍被外力破坏，动物就自然地逃出了笼舍。2015年格鲁吉亚首都第比利斯发生严重洪水，养河马的池子被灌满了，河马顺着水流游出了动物园，溜溜达达出现在了大街上。这个画面虽然让人忍俊不禁，但事实上还是存在很大风险的。随后河马被麻醉，带回了动物园。二战期间德国的柏林动物园第一次遭到盟军炸弹的袭击是在1941年9月8日，在苏联攻打柏林期间，柏林动物园损失更加惨重。从1945年4月22日起，动物园一直受到苏联红军的炮火攻击，4月30日，动物园发生了激烈的战斗，有些动物因为笼舍遭到轰炸被破坏而出逃。为了避免动物集体出逃，管理员不得不杀死了肉食动物和一些危险的动物。

　　第二种越狱的可能性就是笼舍设计的问题。别小看动物园场馆设计，给动物做室内装修学问可大了。先不说怎么能让动物住得舒服，游客看得清楚，摆在第一位的肯定是动物不能逃出去。现在为了更好地展示动物，让游客有身临其境的感觉，展馆设计越来越丰富，动物和游客的福利越来越优越，我们欣喜于看不到"铁栅栏+水泥地"那种监狱般的展区，取而代之的是更开放更生态的空间。但如果对要展出的动物不够了解的话，就有可能好心

▲动物出逃可不是闹着玩的

办坏事了。比如笼舍的高度，隔离壕沟的深度，展区里树木的伸
展范围，日常排水系统等，都必须考虑在内。如果要展示的是长
臂猿，展区中就要有各种高大的树木爬架；但要是笼子没有封顶
的话，不出意外明天早上市民们就能在动物园外听到"两岸猿声

啼不住"了。

第三种越狱的可能性来自饲养员的疏忽大意。还记得好莱坞大片《侏罗纪公园》里，电影中的主角霸王龙是如何从电网规划完备的围栏中越狱的吗？暴风雨海啸突袭，加上只有电网这一道隔障系统，最后还有一个出昏招的工作人员荒唐地关闭了高压电源——咱们上述说的三种情况在这里聚齐了，气氛烘托到这儿，霸王龙不越狱都觉得不合时宜。

● 如何把动物安全地"请"回去

站在动物园饲养员的角度，如果真的有动物出逃了，一般会怎么办？宗旨只有一个：赶紧让它回去。但怎么回去就有讲究了。首先要评估事件的影响：谁出逃了？出逃到哪里了？什么时间出逃的？同时一定要先做报备，毕竟动物出逃算是非常重大的安全事件，可能会存在公共安全的隐患。报备的同时，要在第一时间考虑如何将动物带回笼子，这个时候，饲养员的作用非常重要。因为他们是和动物朝夕相处的，对于动物的行为和脾气秉性都更加了解，而动物也对它们的饲养员更加信任。换言之，这个时候非常考验饲养员日常和动物的关系。有些"动物口碑"非常好的饲养员，只需要轻唤一声或者用食物进行引导，动物就能乖乖地回到笼子中。这里面的信任不是通过皮鞭惩罚养成的，而是依靠倾注感情的"对它好"建立的。

站在动物的角度，它们突然从笼子中逃出，多半也是慌乱或

者蒙的状态："我是谁？我在哪儿？我要干吗？"笼子外面的世界对它们来说反而是陌生的、未知的、恐惧的；笼子才是最熟悉的地方，也更有安全感，是属于它们的领地。这个时候如果能有一位它们信任的饲养员出现，是可以把动物"劝"回笼子的。

更糟的情况是如果动物失控了，饲养员也无能为力，此时疏散游客是非常必要的。同时要准备软网、叉棍等工具，确保把动物控制在动物园范围内，软硬兼施，争取能够用活捉的方式"请"回它们。

动物园会定期进行安全应急事件演练，由工作人员装扮成"出逃动物"，饲养员、安保团队严阵以待，按照规范及现场情形进行突发事件处理，第一要务是将动物抓回笼舍。

◀为了应对动物出逃，平日里的安全演练很有必要倘若发生的是大型动物的出逃，比如老虎、狮子、大象，并且还具备一定的危险性的话，就要用"硬手段"了：不排除在为了确保游客安全的目的下，采取直接击毙的方式。这听起来确实让人遗憾和唏嘘。通常这时候大家会问：为什么不采取麻醉的方式呢？为什么要轻易地选择击毙呢？

其实动物园也是有苦说不出，因为击毙的动物损失只能自己承担，动物园可不希望击毙任何一只出逃的动物。一方面，可能大家对于麻醉枪存在误区，在我国，动物园没有权利存放麻醉枪这种特种枪械，所以需要临时申请由公安部门采取行动，在这段时间内动物可能会逃得更远，麻醉枪鞭长莫及，所以时效方面并不是非常好。另一方面，麻醉药也不是万能的，打上后动物不会立刻倒下，需要一个反应的过程。就拿成年老虎来说，10~20分钟才能起效，这段时间受惊的老虎会有进一步伤人的可能性。最后，动物出逃后，往往都是紧张焦虑的，这个时候动物非常规的生理状态和行为表现也会影响麻醉药的起效时间。如果平时麻醉动物的难度是10分的话，出逃动物的麻醉难度是要翻倍的。麻醉药的发射还有可能进一步引起动物的应激反应，本来没打算伤人，结果一枪下去，暴跳如雷也是有可能的。所以说，麻醉枪和吹镖并不是万能的选择。

随着动物园展示区设计的完善精进和饲养条例的日益规范，动物出逃的新闻也在逐渐减少。作为游客，万一遇到动物出逃，该怎么做呢？首先确实不希望大家有机会体验到这种"特殊时刻"，如果有的话，别好奇，别逞强，抓紧时间立刻疏散，别拍、别望、别留恋。毕竟我们不想受伤，也不希望它们殒命，保持安全距离是对双方生命的尊重。把这种事交给专业人士处理，对于野生动物，我们还是保持距离去观赏为好。

给长颈鹿搬家，总共分几步

动物园里的动物一生都会在一个动物园度过吗？它们都是土生土长在这个动物园的吗？第一只动物是怎么来到这个动物园的？回答这些问题的时候，总会回归到同一个问题，那就是：动物怎么搬家？

"把大象装冰箱，总共分几步"这个冷笑话，早已是家喻户晓。从答案来看，打开冰箱，装进大象，关上冰箱，逻辑严密，有条不紊。但真实情况下，如果给动物搬家，应该怎么搬呢？真的这么简单吗？

通常来说，动物园的大部分动物都是在园内出生的，但难免会有一些动物园之间存在动物交换：把我家富余的换给你，弥补你家动物的不足，大家互通有无。这样既促进了动物血缘的多样，避免近亲繁殖，同时也能让某些动物的种群优势得到最大程度的发挥。比如世界动物园与水族馆协会，就会根据各家动物园的情况，集中调配动物。咱们国内洛阳王城公园的华南虎繁殖得非常好，而且种群数量很大，所以现在为数不多的散落在各个动物园的华南虎，如果想相亲找对象，就会考虑把自己家的华南虎送到洛阳试试看。

● 搬家之前的序曲

搬家对于大部分动物来说，都挺有挑战性的。因为野生动物大多谨慎敏感，突然换个环境，肯定会非常紧张焦虑。所以第一步，得先让它们熟悉运输工具。说到运输工具，又要提到《侏罗纪公园》。影片开始的第一个镜头就是，夜色中吊车放下了一个带孔洞的金属箱子，箱子中不时传出嘶吼和撞击声，周边的饲养员严阵以待，里面装的正是迅猛龙。这个箱子就是运输工具，专业术语叫转运箱，也可以叫运输箱。别小看这个运输箱，当中的学问可大了。要根据不同动物的体型和习性进行量身定制：长颈鹿要又高又阔的，鳄鱼则需要又长又扁的，蛇类可能用一个布袋外加一个箱子就行，大象和犀牛就需要铁笼加持了。

这里面还有一个设计原则，就是要确保动物进入箱子后不能转身，尤其是像河马、犀牛、大象这类大型动物，为了防止运输过程中受伤，它们要始终保持一个姿势。运输箱的材质一般是木头的，通风透气，箱子底部还会垫上厚厚的稻草稻壳，想卧下休息也是完全没问题的。另外，一排通风口非常重要，除了透气，饲养员还能通过小孔观察动物的状态。通风口以外的其余部分都是密闭的，这是为了营造一个黑暗的环境，以免动物见到车水马龙的城市后表现得过于紧张和焦躁。

长颈鹿在众多动物中最特别，因为个子高，也因为性格腼腆，还因为习性特殊，所以给它们搬家得格外注意。咱们今天就以长颈鹿为例，说说动物们怎么搬家。首先饲养员会把一个大号的运输箱放进长颈鹿的运动场中，先让这些高个子熟悉一下。生

▲在食物的诱惑下，长颈鹿走进运输箱

性谨慎多疑的长颈鹿看到这么个大家伙，起初会避而远之："这是个什么玩意儿？怪吓人的，可得离它远点。"时间长了就开始好奇地探索，然后逐步对这个大箱子表示接受："好像它也不动、不闹、不咬人？离近点再看看。"别看说起来只有寥寥几句话，这个过程实际可能需要一个月甚至更长时间。

长颈鹿生性多疑、行为谨慎，对于陌生空间往往心生恐惧，所以一个不封顶的运输箱可以大大减轻它们的焦虑，在短途运输时，长颈鹿通常会采用无顶或帆布软顶的运输箱。

　　接下来就要进行下一步：引诱它们进入箱子。现在动物园一般不会采取把动物麻醉后运输，因为麻醉风险很大，受剂量、环境等各种因素影响，弄不好会要了动物的命，所以现在很多动物园都选择用行为训练的方式，引导它们自己进入运输箱。这一步可没那么简单，首先要做的就是尊重，给长颈鹿自主选择的可能性：把它们爱吃的食物放进箱子，让它们开始改变用餐环境，慢慢地习惯在箱子里吃饭。这个过程看似容易，但事实上非常需要耐心，很多谨慎的长颈鹿宁可饿着也不肯进入这个奇怪的大箱子。这个时候一些平时爱吃但不能多吃的"奖励性食物"就派上用场了，比如胡萝卜、苹果这些，没准儿就能"哄着"它们，慢慢地走进箱子。

● **正式踏上旅程**

时间又过去了一个多月，如果进入箱子顺利的话，下一步就要开启正式的搬家环节了。一般会选择一个晴朗的早上，天气对于敏感的动物很重要。还有一个原因，早上游客少，所以对动物的刺激也更小，这也是为什么咱们游客很少能看到动物搬家的原因。这个时候饲养员会分成三组人马，一组人观察长颈鹿的位置，随时用对讲机沟通，另一组人用食物引诱它们进入箱子，这个过程对于它们已经轻车熟路。下一个动作非常关键，在长颈鹿进入箱子后，最后一组人要迅速关闭箱门，不能有丝毫犹豫。如果这时长颈鹿夺路而逃，那么它们将对箱子和饲养员，乃至奖励的胡萝卜完全失去信任，接下来的工作就会变得非常困难。装箱最好能一次成功。整个装箱的过程圆满结束后，稍稍停留片刻，让它们也稳定一下情绪，随后起重机启动，将大箱子稳稳地放在卡车上。

卡车驶出动物园是旅程的开始，因为长颈鹿的身高优势过于明显，所以一定要提前规划路线，避开限高的桥梁和隧道。不知你是否注意过，在很多城市环路的限高标识中，用的都是"长颈鹿坐车"的图案，既形象又生动。有些突发情况也是我们想象不到的，比如有些地方的光缆电线在空中横着，而且并没有限高的提示，遇到这种情况司机会谨慎选择停车，饲养员用长杆挑起电线，让长颈鹿和箱子顺利通过。这也是城市中罕见的一景。

一般跟随长颈鹿登程上路的是一位司机师傅和一位长颈鹿

的饲养员。饲养员最熟悉动物的情况，关键时刻还能安抚一下动物的情绪，如果条件允许还会有一位兽医跟车随行。这一路上每隔几个小时就要停车休整，饲养员会时不时地探望一下车上这位"特殊乘客"，看看它饿不饿，渴不渴，热不热，冷不冷，有没有小情绪，晕没晕车，等等。

▲运送"超高旅客"，请注意道路限高规定

一路日夜兼程，到达对方动物园后，搬家就基本上接近尾声了。吊车把箱子放进检疫运动场后，箱门缓缓地打开，这个时候长颈鹿反倒不着急出来了，因为这会儿箱子对它来说更熟悉，更有安全感，外面反而是个陌生的世界。此时还是需要耐心。等它自己慢慢地走进新环境后，长颈鹿的新生活就要开始了。但大家注意，这个时候长颈鹿并不是立刻就要"开门见客"，出于防疫安全需要，一般会在隔离检疫区生活一段时间，等一切都稳定了，才会正式加入动物园大家庭，这个时候我们就能看到它啦。2019年云南野生动物园就成功帮助四头长颈鹿跨越了2400千米，搬到了浙江湖州的新家。

● 小型动物的搬家"捷径"

大型动物的搬家最复杂，小型动物就简单很多。现在很多动物园都采取了"运输箱常态化"的模式，在我们看不到的动物的卧室内，长期会有一个运输箱，里面沾满了它们的气味。这个运输箱成了它们生活的一部分，喂食、睡觉、躲避都在里面进行，这就给后期的搬家创造了极大的便利，再也不用连哄带骗地"打包装箱"了。

动物搬家方式的转变，非常可喜地照见了我们的动物园和饲养员对动物们的尊重和爱护。"爱"和"专业"缺一不可这个理念，不只适用于对人类幼崽的养育，在动物园也是如此。

▲动物搬家，运输箱必须量身定制

The art of visiting a
ZOO

逛动物园
的攻略

经常听到游客乘兴而来败兴而归的叹息，
很多时候是因为大家对动物园正确的打开方式不太了解。
当你拥有了"会逛动物园"的超能力，
就能从这个"活着的"博物馆中收获更多精彩的知识和乐趣。

什么时间去动物园最合适

　　"今天动物园的人怎么这么多啊，跟逛庙会似的……""天太热了，人挨人，人挤人的，下次再也不去动物园了，人困动物也困。""这动物怎么一动不动啊，假的吧？嘿！动一动！"这样的对话是我在动物园最常听到的，想必大家应该也有类似的感受，有些时候逛动物园的体验并没有那么好。

　　至于为什么体验欠佳，有动物的原因，有动物园的原因，也有我们游客的原因，还有一个常被忽略的重要因素，你是否去对了时间呢？什么？逛动物园还有时间限制啊？当然。具体而言，包括在一天的什么时间去最合适，在什么时间应该去看哪些动物，一年中的什么季节最适合逛动物园，不同季节有什么不同的看点，等等。今天我们就从时间轴的角度，说说动物园游逛攻略。

● 一天之计在于晨

　　作为普通游客，一般会选择周末逛动物园。好不容易熬到周末，当然要睡到自然醒了，醒来收拾一下，出门时间最早也要上午十点了，到了动物园差不多十一点左右。这个时间是一天中最热的时候，顶着大太阳相信我们也逛不了太久，差不多下午两点左右就打道回府了，整个过程中充斥着"人流量大""动物懒洋洋""又热又累"等感受。如果你也是这样逛的，我只能很遗憾地告诉你，你完美地避开了所有逛动物园的黄金时间。

在野外环境下，大部分动物都是大白天睡觉休憩，而在清晨和黄昏异常活跃，各种行为特别丰富，所以在逛动物园时，这些时间段也是重点推荐的。人困马乏的大中午，不但我们觉得困倦，也正赶上动物的休息时间。因此逛动物园如果想逛得更精彩，就需要稍稍辛苦一下，去将就动物的生物钟。早上一开园就进去，一直到上午十点左右，都是游览的黄金时间。如果上午确实起床困难，那就下午三点之后再入园，这个时候大量游客开始逐渐离开，动物也到了一天中最活跃的时间，可以一直逛到闭园。如果赶上冬季天黑得早，你还能意外收获一份夜观动物园的独特体验。

那么上述两个时间段内，哪些动物是最值得看的呢？早上鸟类非常欢脱，叽叽喳喳始终在鸣唱，尤其噪鹛类，大都选择在早上用鸣唱的方式互相吸引。会鸣唱的不只是鸟类，生活在热带雨林中的长臂猿一定要在早上去看，因为每天早上它们都会引吭高歌，经常是几个展区的长臂猿对唱，那声音既悠长又空灵。我们可以近距离感受一下"两岸猿声啼不住"的场景。

除了动物本身，早上去动物园，还有一个看点就是围观饲养员工作。早上是饲养员最忙碌的时间段，如果我们去得足够早，

▲猿啼是动物园里悠扬的晨曲

能看到饲养员打扫展区，给动物准备早餐，并把早餐分散放在展区内，给动物准备各类丰容设施。一切就绪后，把休息了一整晚的动物们放入外展区。这时候的动物精力充沛，好奇心旺盛，行为也最丰富。一般来说，一天中动物状态最好的时候就是早上刚进入展区的时候，千万别错过。

时钟拨到下午四点半，这个时候游客不多了，但恰恰是动物的活动时间，尤其是大热门的食肉动物，刚刚开始一天的生活。我们平日里看到的睡觉的老虎，打盹儿的狮子，躲起来的花豹，这会儿都开始伸伸懒腰起床了，在野外它们就要巡视领地了。特别是人见人爱的老虎，每到下午四五点钟就精神焕发，在展区内巡视那是家常便饭，其间时不时停下来，嗅一嗅，用脖子蹭蹭树干，喷点尿，这些都是它们的野外日常。运气好的话，还能看到它们扑来跳去，和丰容玩具玩得不亦乐乎。最后"下班"前，它们还会习惯性地吼两嗓子，让我们有机会现场领略一下什么叫作"不怒自威"。

时间再晚一些，天就要黑了，如果你还不着急离开动物园的

▲此起彼伏的狮虎啸是动物园里的暮歌

话，这会儿可以去犬科动物区看看。狼、豺、斑鬣狗、非洲野犬时不时会对着天空嚎叫，而且一般都是一呼百应，一犬叫，群犬叫，场面颇为壮观。

● 独家秘诀大放送

有朋友可能会问了，这两个时间段我可能都不太方便，有没有哪些动物一直都比较活跃呢？别说，还真有。第一个秘诀是找幼崽。其实动物的幼崽和我们人类的孩童一样，都是活泼好动、好奇心旺盛的小可爱。所以只要展区内有幼崽，无论是小斑马、小象，还是小老虎、小狮子，不管什么时间，你一定能看到这些"熊孩子"们疯跑追打的场景，有时候连亲妈都不堪其扰，不过无奈中还是带着爱意。2022年北京动物园火出圈的明星就是两只新生的亚洲黑熊宝宝。本来就憨态可掬的黑熊，熊崽子更是无敌蠢萌，在展区中一会儿爬树，一会儿打滚，一会儿又跟妈妈撒娇，妈妈好不容易睡会儿时，它们便自己在展区的山坡上奔跑……这里也成了那年春天动物园最受欢迎的展区，游客驻足观看，没人投喂，没人敲打玻璃。动物的自然行为是治愈游客的最佳良药，这也是动物园应该有的样子。

第二个秘诀是找特定物种，它们不管何时，始终活跃，比如鼬科动物。鼬科动物的好奇心特别强，即使是住了很多年的展区，它们都会保持探索热情，甚至会把好奇心蔓延到邻居那边去。鼬科动物都有哪些呢？在动物园最常见的就是水獭。现在国内动物园大多饲养的是亚洲小爪水獭。只要你来到水獭展区，几乎看不到它们懒懒地昏睡，不是在陆地上追逐同伴，就是好奇地招惹喜鹊，就连游客手中的泡泡机吹出的一串泡泡，都能让它们玩上一阵子，当然更多的时间还是探索水下世界。饲养员如果放置一些食物丰容的话，水獭能玩特别久，是不折不扣的好奇宝宝。号称"北京动物园永动机"的黄喉貂同样属于鼬科家族，不大的展区内栖架起起落落，它在展区里跳来蹿去，活力十足，几

▲ 黄喉貂用饱满的生命力诠释"欢脱到模糊"

乎没有一刻是静止的。我去过这么多次北京动物园，竟没能拍到过一张它的清晰照片。大家如果去，可以到小兽区看看"永动机"的风采。

● 一年之计在于春

放眼一整年，在什么季节逛动物园最合适呢？结合我的经验来看，春夏秋三个季节都不错，我们游客的体感温度以及植被景色，最重要的是动物的状态，都是很理想的。但对于我这样的发烧友来说，那可是四季均有看点了，下面就给大家介绍一下。

春季是很多动物求偶的季节，前文提到的求偶行为都可以在

春

春季观察到。这个季节不妨多去雉鸡展区、孔雀展区参观，看看雉科鸟类特有的迷人舞步。

夏季视觉体验最好，动物园里植被丰富，一幅郁郁葱葱的画面。这个时候展区里也最接近野外环境，动物生活其中，看上去野趣十足，同时很多动物为了避暑还会跳进水中。我在济南野生动物园看到的美洲虎，这个季节还有跳水的行为展示呢。都说猫怕水，可这种大猫非但不怕，还能在水中完成捕猎。你能想象它们在水中洒脱自如的样子吗？春节交配成功的动物们，一般会选择食物最充沛的夏季产崽，这个时候宝宝们就不缺口粮了，所以移步食草展区，你将有机会看到正在吃奶的鹿宝宝、羊宝宝、牛宝宝。

秋季天气转凉，正是动物们贴秋膘的时候。在狩猎合法的国家，猎人们一般都会选择秋冬狩猎，因为这个时候的动物已经换上过冬的皮毛，很多兽类都变得圆滚滚，皮毛油亮亮的。去看看赤狐吧（就是我们常说的狐狸），它们的皮毛此时真的称得上是

赤红色，鲜艳并且有光泽，那才是一只健康自信的赤狐该有的样貌。

秋季落叶会增多，别小看这些落叶，堆在一起就是动物最喜欢的玩具。尤其是一些热带动物，天凉了不能"出门"，室内展区堆起来的落叶就是最好的自然体验了。我曾在动物园看到黑猩猩在室内展区的落叶堆中旋转跳跃，那种开心是发自内心的。

冬季万物凋零，在北方，室外植被的凋敝和身体感知到的凛冽，可能对游客来说不那么友好。但冬季的动物园如果来上一场雪的话，可就是另外一番景象了。这些年每当下雪我都会第一时间赶到动物园，因为有不少动物真的是"雪来疯"。先说说东北虎吧，来自雪乡的大橘猫最懂玩雪的快乐，它们开心地在雪地里打滚儿，还会用舌尖儿舔掉鼻子上的雪花。雪的洁白和虎的橙黄，组合在一起也极具视觉冲击力。同样喜欢雪的，还有国宝大熊猫。没错，它们不冬眠，冬天尤为活跃，在四川老家每年冬天都与雪相伴。雪后的温度，在它们感受起来，那是"巴适滴很"。

读到这里，是不是恍然大悟：原来是这样啊，之所以此前的体验不佳，其实是因为去错了时间。动物园的主角毫无疑问是动物，面对自然规律和数百万年的演化，人类能做的很有限，唯有尊重。当我们游客尊重动物的自然史，在对的时间，找到了对的动物，它们就会用自然行为展示出野性又有活力的一面。

要逛动物园，可以准备点什么

看完了前面这些文字，你有没有跃跃欲试，想马上换一种方式逛一下动物园呢？别着急，去之前我还要嘱咐两句，咱们得做到有备而来，不虚此行。那么逛动物园之前，要准备点什么呢？

● 做足功课，高效参观

首先在我们大众游客的心目中，动物园的娱乐功能其实是最显著的，这里就是一个养着动物的城市公园。既然是逛公园，我觉得大家一定要准备的就是一个放松的身体和娱乐的心态，来动物园当然快乐是第一位的，即便什么都不准备，单纯来逛逛也是蛮好的。我带过很多动物园的主题讲解团，让我惊讶的是有很多朋友来动物园，真的就是单纯为了"出门走走，不想宅家"，并没有抱着什么特殊期待，这样的状态下或许更能发现动物园和自然的美好。

其次，动物园兼具的还有科普教育、动物保护等职能。如果你对此抱有期待的话，那确实需要稍稍做一些功课。我有一个习惯，就是每去一个城市，都必去动物园。因为职业缘故经常出差，所以这些年断断续续把国内的大部分动物园都走了个遍，国外的更是不能错过。我在去一个陌生动物园之前，一定会在网上查询这个动物园的相关介绍，了解一下历史背景。比如大名鼎鼎的奥地利维也纳美泉宫动物园，就是在当年皇宫的基础上改建的，里面还有很多场馆就是当年皇家的宫殿，现在依旧开放营业的动物园餐厅，当年曾是茜茜公主喝下午茶的地方。这些信息如果不做功课，可能就会完美错过了。

另外，每座动物园里有哪些看点，比如展出哪些特有的物种，有哪些独特的展示方式以及有意思的科普展牌等，都值得我们一一打卡。在去西宁野生动物园的时候，我提前就了解到这里是中国能看到最多雪豹的地方，但这就够了吗？这里饲养的雪豹数量虽多，但大部分都在笼子里面，活动范围并不大。不过，网络上提到园中有一处"雪豹谷"，是园方将整座山围起来，专门提供给一两只雪豹用于野化训练的场地，无论是活动面积还是环境背景，都和原生环境非常接近，那观感可谓美如画。所以我去西宁的时候，就专门留心了一下，还真的让我找到了。远远望去，一只雪豹漫步在夕阳下的山脊线上，这画面一下把我带到了青海的三江源。

这里做一个总结，关于动物园的历史背景、独特物种、喂食时间、科普排期、闭园时间甚至热门展区等信息，都可以提前查询准备，以便我们在有限的时间内，更完整更高效地参观一座动物园。

▲ 在雪豹谷，能看到最原生态的雪豹

● 得力工具的必要性

此外，在工具方面，我也分享几个得心应手的物件。第一是望远镜，这个我认为还是有必要准备的，因为有些展区比较大，动物也比较分散，想看清的话，望远镜是必需的。比如新疆乌鲁木齐的天山野生动物园，这个动物园真的豪横，别的动物园是在园子中堆一座山养动物，他们是把一座山围了起来——没错，就是天山。展区大到需要驱车参观。很多次驱车进入展区，我都恍惚觉得这就是野外，因为展区太大了，找动物反而成了乐趣。远处山巅上几只北山羊、马鹿点缀其间，如果没有望远镜，恐怕就只能看到一个小黑点儿了。望远镜还有个好处，这个通过长焦镜头也可以实现，就是观察动物的细节。比如我们都知道貘是奇蹄目动物，为什么它们算奇蹄目呢？肯定是跟它们的脚趾数量有关系。那前蹄是几个脚趾，后蹄又是几个？有谁能立刻回答上来？这个还真的需要望远镜去帮你答疑解惑。

笔记本在去动物园的时候也是必不可少的。在游览过程中，经常会看到一些很偶然的行为和现象，随手记下来，日积月累一定会有收获。相信我，这方面本子要比手机可靠得多。如果你绘画天赋异禀的话，一定要带个小巧的手绘本。有些时候虽然照片容易拍，却也更容易被我们丢弃在硬盘中吃灰。如果能在动物面前，用速写的方式，简简单单三两笔勾画出动物的体态和行为，那个感受是完全不一样的。很多大师级的动物科普画家，在谈及技巧时都提到了实物写生，尤其是到动物园中去画活着的动物，

▲有了望远镜，马来貘的蹄子细节尽收眼底

这个过程对动物形态和神韵的把握是最精准的。我就在北京动物园多次遇到过一位科普画家，他就是大家熟悉的张瑜老师，江湖人称章鱼哥。他经常一画就是一天，用铅笔简单勾勒出动物的外形。动物的细节在速写中来不及画，只用寥寥数笔交代出动物的神韵，但你一看就知道画的是哪种动物。很多人分不清豹和美洲虎，狞猫和猞猁，但在章鱼哥的画本上，区别一目了然。这背后到底有什么细节上的差异呢？我想应该是：气质。

　　随着数码用品的不断普及，相机应该是标配的家庭用品了。如果有条件的话，带个相机去是必要的，最好能有长焦镜头加持。动物园应该是我们最接近野生动物的地方，很多摄影大家的启蒙地也是动物园。这里的动物可以说是见过大世面的，和野生

▲带上纸和笔，画下动物的精彩瞬间

动物的胆小谨慎不同，不急不躁的它们甚至会摆出最理想的姿态，让你给它们来上一整套"写真"。所以说想拍动物，不妨先从动物园练起。除了练习摄影外，相机还是最便捷的记录工具。时间在变，动物园中的动物也在变，那些儿时陪伴你我成长的动物们还好吗？多数应该都不在了吧，你还记得它们长什么样吗？我有一位朋友叫李健，他致力于用业余时间拍遍中国的动物园。中国动物园中最后一只狼獾，在弥留之际留给了李健最后的画面。中国动物园中最后一只华东亚种的亚洲金猫，也在杭州动物园和李健道别。包括中华穿山甲、中华鬣羚、云豹等物种，都被他用相机一一记录，而很多画面现在都成了最后的纪念。下次去动物园可以带上相机，不一定非要出大片，能留下一个让你印象深刻的场景也是好的。相信很多游客只要有在动物园的照片，多数都是在狮虎山的正门拍的，这是那个年代的象征，也见证了一座座动物园的变迁。

动物园中的声音也是一种魅力，尤其很多声音可能这辈子我们只能在动物园中听到，比如前文提到的长臂猿每天早上的鸣唱，这时一定要录下来。现在我们的手机兼具了录像录音和拍照功能，随手录下来，回去后整理归档，积累起来也是一种逛动物园特别的体验。

除了以上这些，我们还要带上对自然的好奇心，对万物的探索欲，对生灵的敬畏心，最重要的是放松的心境状态。目标动物园，现在可以出发了。

去动物园能看些什么？当然是看动物了！估计大部分朋友都会这么回答吧。这个问题仁者见仁智者见智，不过如果问我的话，我将从三个方面跟大家说说，到了动物园究竟我们都能看些什么。

● 奇特的外形

说去动物园看动物，肯定是没错的。这就是我想说的到动物园要看的第一层，就是看动物的外形和样貌——我们得先知道动物长什么样。动物园在大家心目中，最初的印象就是这样的：我从没见过大象，可能这辈子也没机会在野外见到实物，但动物园就有，长鼻子大耳朵小眼睛，大象最真实的样貌就这么呈现给了我们，这比任何的书本、视频、图片都来得真切。在动物园发展的历史长河中，最初的功能就是让大家认识并了解遍布在世界各地的动物。

　　2018年，我去东京上野动物园参观，很多动物对我来说都稀松平常，直到走进食草区，远远地望见一个宽阔的展区，里面还有遮阴的大树，当中影影绰绰地出现了一个高大的身影。是长颈鹿？不对，好像没有那么高，远看黑乎乎的；走近一看，是一头长相奇特的动物，堪称斑马和长颈鹿的合体。它身材高大，脖子

▲动物们的样貌是最直接的看点

也非常长，和长颈鹿一样也伸出长舌头卷树叶吃，看起来像一头涂成深棕色的迷你长颈鹿，而屁股上则有一道道斑纹。这样的搭配若不是看到实物，很多人可能都难以置信。这种动物叫㺢㹢狓（huòjiāpí），是一种生活在非洲刚果雨林中的动物。这里是亚洲唯一能够看到㺢㹢狓的动物园。那是我第一次看到㺢㹢狓，一眼就被它奇特的外形折服了。即便此前在很多纪录片中都看到过，但看到实物后，还是惊叹于它异于常"兽"的外表。

看外形方面，我的另一次体验也印象深刻。华南虎大家都听过，它的样子与东北虎形成鲜明对比，更小巧、更灵动，毛色也更深，斑纹更细密。但这些都是文字描述，我去广州动物园隔着笼子看到华南虎后，不禁深深地感叹：这虎太"华南"了。华南虎腰身非常细，前肢粗壮，尾巴尖上翘，整个身体可能只有东北虎的七成那么大，机警且矫健，和南粤当地的文化相得益彰。怪不得广州的体育代表队会用华南虎作为吉祥物。动物之美，首先便是外形之美，到动物园，第一层就是要看看什么是动物，动物长什么样。

● 有趣的行为

第二层，也是现在很多朋友都开始逐渐关注的，是看动物的行为。动物园的出现已经超过一个世纪，我们没见过的动物越来越少，游客们每年都会多次参观动物园，所以大家不再止步于看动物到底长什么样，而是要看看：动物都在干吗？它睡了吗？它怎么吃东西？它吼叫起来是什么样的？它飞起来会有多快？

这就出现了很多游客对于动物园的质疑：你们的动物怎么一直在睡觉？动物为什么不动呢？动物怎么看起来一直在重复一个动作？这说明游客的关注点开始放在动物行为上了。一个动物园动物养得好不好，行为是一个很重要的评判标准，即动物能否持续地展示自然行为，而非动物存在本身。比如四处嗅一嗅、伸个懒腰、展翅翱翔、互相梳理羽毛等，这些都是自然行为。动物园作为大自然的一扇窗口，人类对自然的了解和认知其实就是来自这里，甚至很多科研成果都是来自对动物园中的动物行为的观察。让动物展示自然行为，是动物园的必修课，也是业务底线。

重庆动物园的狮子展区，面向游客的是一个玻璃视窗，游客能特别近地观察狮子。那次我在旁边看狮子，就有几个孩子非常兴奋地把脸贴在玻璃上，注视着一头雄狮在展区内踱步，"自信威风""优雅帅气"，这些词频繁出现在孩子们口中。只见狮子走着走着突然停下了，翘起尾巴对着我们……我很清楚接下来要发生什么，带着坏笑看着孩子们。这其实是狮子标记领地喷尿的前兆。突然一股黄黄的液体从翘起的尾巴下喷出，几个孩子哇的一声叫了出来，不过液体只是喷到了玻璃上。惊魂未定的他们，彼此看了看，爽朗地笑了。对于这几个孩子来说，猫科动物怎么标记领地，想必他们这一生都能记得很清楚吧。

有研究表示，如果游客看到动物展示丰富的自然行为，同时园中配有相应的科普解释，他们对动物园的好感度会大大增加，并且能够耐心细致地观看动物。相反如果动物们表现出来的是焦躁不安，是来回循环的踱步，甚至是自残行为，游客也一定能感觉到不对劲："动物好像不太开心的样子？"动物的行为代表了它们是不是真的身心健康。长时间持续观察一种动物，它们展现出来的行为能让你更充分地了解这种动物，比走马观花的参观有趣多了。下次去动物园，记得耐着性子多看会儿，行为观察需要时间。

▲动物们独特的行为是动物园最生动的节目

● 走心的展区

第三层要看的，可能大家都不太刻意去观察，但应该每个人都看得到，这就是展区。前面说了看行为，展区设计得好不好，一定程度上决定了动物的行为是不是正常。试想一下，如果你住进一个家徒四壁的房间，屋子里什么都没有，阴暗潮湿，这样的环境下你能开心健康吗？动物也是一样，一个相对封闭的空间，设计好了就是温馨的家，设计不好就是禁锢的牢笼。看了这么多展区，是"家"还是"牢"，一个最直观的判断标准就是：是不是符合动物的自然史。

我见过最还原野外生境的展区，应该是新加坡动物园的猩猩展区，这里展出的是大家口中惯称的红毛猩猩。它们原本就生活在东南亚，在新加坡展示气候完全得天独厚。主展区是一块被壕沟隔离的绿地，里面有各种高低错落的栖架，这样

◀优秀的展区加上动物们充分展示天性的行为，会成为动物园迷人的风景

的展区已经很不错了吧？等等，接下来才是最惊艳的部分。展区里有一条钢索，目光随着钢索向外延伸，逐渐伸出了展区范围。钢索连着动物园里的高大树木，再看树木上，好像"结满了"猩猩。很多猩猩甚至就在游客头顶上面荡来荡去。原来这才是新加坡动物园猩猩展区的亮点——无界展区。不知道你有没有和我一样，看到这个名字已经莫名动容，仿佛读到了设计者致敬生命的大爱。这里的猩猩让我们觉得，它们完全是生活在野外。这里看不到铁笼，也看不到玻璃，只能看到自由自在的灵魂。

台北木栅动物园的云豹展区也相当惊艳，在大片的热带植物掩映下，云豹从缝隙中鬼魅穿行，一点不输国际T台上高冷又抓人眼球的超模；伦敦动物园的亚洲狮展区，全面复刻印度在地文化，游客可以用护林员的视角身临其境地观察眼前的亚洲狮；西宁野生动物园的雪豹展区，是一个"身在此山中，云深不知处"的展区，一只雪豹坐拥一座山的展区，一个雪豹早已看见了你，而你还在用望远镜屏息凝神观察的展区，这样的展区，充满了对自然的敬意和对物种的赞美。

除了展区环境还原自然之外，展区里是否有丰富且多变的丰容设施，空间纵深设计是否合理，是否能在给动物提供福利的同时兼顾饲养员工作的便利，都会成为评判展区好坏的关键因素。好的展区，动物住着舒服，饲养员用着称手，游客看着赏心悦目。所谓内行看门道，有时候展区里可能第一眼看不到动物，但光看展区本身也趣味无穷。

这下你知道去动物园都要看什么了吧。如果你还是动物园小白，那么先去开开眼界，认识一下大千世界的万物；如果你身经百战，已对这些动物的长相烂熟于心，那就放慢节奏，一次只看一两种动物，仔细观察一下它们的行为；如果这个展区里的动物暂时"休假"，不妨把目光放在展区上，带个本子写写画画，没准儿以后动物园展区的设计师就是你啦。总之看完之后，相信大家一定会有全新的感受与收获。

后记▶

动物园
应该被关闭吗

　　看到这里，整本书也就接近尾声了。对于动物园应该怎么逛，动物园里有哪些奥秘，动物在动物园中如何生活，相信大家已经有了进一步的了解。不过，或许仍有一些朋友会提出质疑：既然动物园需要做出这么多努力才能让动物生活得舒适，干吗还要建动物园呢？让它们一直生活在野外不好吗？动物园是不是就是人类私欲的产物？最终回到那个永恒的话题——动物园是不是该被关掉？

　　如果从动物园的历史发展来看，最初的动物园，确实是在用"集邮"的方式搜集全世界的动物，然后集中将动物展示给公众，比如著名的哈根贝克家族。在那个物种大发现的年代，动物园的重要评判方式是种类多、数量大，大家只关注这家动物园养了30头北极熊，那家动物园养了40头狮子，至于它们是从哪儿来的，为什么来到这儿，来了之后要怎么办，几乎没人关注。因为足够猎奇，大家看到这些动物的样貌就已经非常开心了，当时动物园的职能更多的就是娱乐。不可否认，今天的动物园依旧肩负着娱乐职能，如果动物园满满的都是学术和理论，来了就必须学知识的话，怕是要劝退大多数游客。

除了娱乐，认知的重要性也在最初的动物园中出现了，并且一直延续到今天。如果你是一位中国游客，想要看到婆罗洲猩猩、非洲草原象、环尾狐猴和北山羊的话，你需要跋涉到东南亚的加里曼

▲如果没有动物园，我们需要走遍全球去探寻

丹岛、东非塞伦盖蒂草原、马达加斯加岛以及喜马拉雅山脉，保守估计路途长达数万千米，花费可能也需要六位数起步。但如果你选择去动物园的话，或许不到50元门票就能搞定，早上出发，中午就能参观完。不得不说，这是认识生灵万物更高效、更便捷的方式。据统计，全球每年有上亿名游客参观动物园，这当中主要是家庭和孩子。包括我在内，许多人最初认识自然、喜欢动物的途径就是动物园。在公众的时间、精力、财力无法统一的情况下，毫无疑问动物园能够帮助大家认知自然、了解自然。诸多博物学家、科学家的自然启蒙也来自小时候家附近的那座动物园，动物园在这方面的作用无可替代。

　　动物园是一座活着的博物馆，这座博物馆最大的特点是：展品都是一个个鲜活的个体。除了展示给我们看之外，这些个体还在科研方面有重要价值，这往往是我们普通游客无法获知的。美国加利福尼亚大学圣迭戈分校有一项研究震惊了世界：他们在圣迭戈动物园中，克隆出了一匹小马。这匹马在园中茁壮成长，被大家取名为"库尔特"。最不一般的是，它是野外种群已经灭绝，仅在动物园和个别保护区有部分圈养的物种——普氏野马。科学家在实验室用40年前冷冻的普氏野马基因将这一物种成功复活，创造了这个奇迹，有望在不久的未来帮助这个濒临灭绝的物种走出低谷。如果没有动物园，这项研究可能很难真正落地。甚至有些高校的生态学、动物学专业，主要的研究对象就是动物园的某个个体，学生们经常看着动物们开玩笑道：你可要好好活着啊，我们毕业都指望你了。在科学研究和物种保护方面，动物园一直走在前沿。动物园的存在意义之一，便是承担全球野生动物保护的重任。

如果说前几个功能看起来都是对人类的单方面利好的话，那么接下来的这个故事可能会让你对动物园有些别样的看法。著名电影《动物园长的夫人》讲述的是1939年二战期间波兰被纳粹入侵，首都华沙在德军斯图卡轰炸机的肆虐下变成了一片废墟，动物园也未能幸免，园长和夫人通过动物园营救了部分犹太人的故事。电影中有个桥段是真实存在的，当时欧洲野牛濒临灭绝，为了保住这个物种最后的血脉，德军军官和波兰园方愿意放下战争仇恨，合作开展欧洲野牛繁殖计划，并且成功将种群延续了下去。直至今日，这个物种仍旧活跃在我们的星球上。

类似的故事在我们国家也发生过。曾经在东亚多地分布的朱鹮，一度在日本、朝鲜消失。1981年5月，一个偶然的机会，我国科学家在陕西洋县重新发现了野生朱鹮，一共7只。在人为干预下，其中一部分朱鹮被送到了北京动物园，在人工饲养的条件下进行繁殖。这个在灭绝线上挣扎的物种，借助北京动物园在饲养、繁育方面取得的成果，逐渐恢复了种群，这些朱鹮在足够成熟后被放归野外。截至2021年，朱鹮全球的种群数量也从最初发现的7只，增长到了5000余只。

动物园在保护，尤其是异地保护方面的功能，就像神圣的诺亚方舟，历史上不胜枚举的案例证明，许多动物的血脉存续都归功于动物园。而今天的动物园确实在进行一项伟大的计划，那就是尽可能将所有饲养物种的基因进行保存，如果未来这个物种在野外遭遇不测，动物园将会启动复活计划。当然，我们并不希望任何物种需要通过这样的方式重启生命。

▲动物园完成了朱鹮的迁地保护

　　我想之所以部分公众认为需要关闭动物园，主要还是因为一部分跌破底线的动物园给了大家非常糟糕的体验：动物抑郁地在笼子里转来转去；笼舍又小又暗如同监牢；动物骨瘦如柴垂死挣扎；动物睡在屎尿堆中无人问津……如果在网上搜"动物园+惨"，你一定能收获很多对动物园的指控。很遗憾，这些表现糟糕的动物园让大家根深蒂固地认为，那就是动物园该有的样子。

　　恰恰相反，动物园可以很美，很有趣，很生动，很野性，甚至很有人情味。在这本书中，我也提到了诸如北京动物园、南京红山森林动物园、上海动物园、广州动物园、台北动物园、长隆野生动物世界、新加坡动物园等行业翘楚。游客是"用脚投票"的，如果你去到这些动物园，看到熙熙攘攘的游客，就会直观地感受到：好的动物园真的不一样欸！好的游览感受是最直接的。在我看来，更重要的是，大家能从这些好的动物园中，了解到动物园该有的样子，动物该有的状态，画面和感受来得比文字更真实，更有说服力。

　　当我们有机会在纽约布朗克斯动物园中看到"刚果雨林"展示区后，才能见识到什么是西部低地大猩猩，才能了解到银背大猩猩

▲ "切一块"刚果雨林，搬进动物园

是它们的首领，才能体会到它们在野外生存得颇为艰难，才能认识到科研工作者为了它们的种群做了哪些努力……最终你可能会在展区前默默领略这个物种的神奇，也可能会在募捐箱前心甘情愿地为这个物种的生存贡献自己的一份力量。巧了，这正是动物园的科普教育职能，也体现了一个优秀动物园的综合力量。

几个小故事，不经意间把动物园的职能串了起来：休闲娱乐、物种保护、科普教育、科学研究，这才是一个完整的动物园。动物园在当前这个阶段要有，下个阶段更要存在，而且要以更好的样貌展示给公众。自然之壮美，万物之丰饶，都可以在这个城市之间的园子中窥知一二。并不是每个人都能知道它的好。如果你能读到这里，相信你一定跃跃欲试了，不妨放下书走出家门，我们动物园见。

图书在版编目(CIP)数据

陪你去逛动物园/卢路著;梁伯乔绘.--北京:
商务印书馆,2024.(2025.1重印)--(自然感悟).
—ISBN 978-7-100-24141-0

Ⅰ.Q95-49

中国国家版本馆 CIP 数据核字第 202411GD28 号

陪你去逛动物园

卢路 著

梁伯乔 绘

商 务 印 书 馆 出 版
(北京王府井大街 36 号 邮政编码 100710)
商 务 印 书 馆 发 行
北京雅昌艺术印刷有限公司印刷
ISBN 978-7-100-24141-0

2024 年 8 月第 1 版　　　开本 880×1230　1/32
2025 年 1 月北京第 3 次印刷　印张 9¾
定价:78.00 元